日本農業市場学会研究叢書──⑭

わが国における農産物輸出戦略の現段階と展望

石塚哉史・神代英昭【編著】

筑波書房

まえがき

　周知の通り，政府は2007年5月に「我が国農林水産物・食品の総合的な輸出戦略」（以下，「輸出戦略」と省略）を取纏め，2013年迄に農林水産物・食品の輸出額を1兆円規模にする目標を掲げていた。政府は，1兆円という数値目標を実現させるために，①輸出環境の整備，②輸出支援，③情報発信，④事業者の取組段階に応じた支援，⑤相手国の安全性に対応する事業者支援，⑥生産・流通・加工の各段階における基盤強化とブランド戦略の推進，⑦民と官の連携強化等の対応策への取組を重視しているが，円高による内外価格差や輸出相手国との交渉等の問題によって進捗状況は厳しいものの，2010年までは一定程度の効果を示していたと判断できる。

　しかしながら，前述の輸出戦略は，2011年3月に発生した東日本大震災及び東京電力株式会社福島第一原子力発電所事故（以下，「震災及び原発事故」と省略）の影響を受け，上述の輸出戦略の抜本的な見直しが行われ，2011年12月には2020年度に達成年度を延長し，現在に至ったところである。

　こうしたなかで，本書はわが国における農産物輸出の現段階と課題を解明するために，農産物輸出支援政策及び関連事業の展開過程，農産物輸出の推進主体，対象品目の差異に留意しながら包括的・総合的な検討に焦点をあてた研究である。

　上述の目的を掲げ，編著者をはじめ執筆者全員が，本書を取りまとめる強い決意をもって取り組んだものの，昨今の農産物輸出を巡る情勢が厳しくなったことも影響し，当初の予定よりもかなりの時間を要することとなり，刊行が大幅に遅れたことにたいしてお詫びを申し上げたい。前述の理由から記載データや調査結果に些か古い部分も生じているものの，本書の内容に影響を与えるような段階には至ってはいないと判断している。

　また，本書の最大の特徴として，第1に執筆メンバーのすべてが2000年前後に農業市場研究を開始した若手中心で構成されていること，第2に近年国

内・海外においてわが国の農産物輸出に関連するフィールドワークに精力的に取り組んでおり，その成果が直接的・間接的に活用されていること，の2点があげられる。しかしながらわれわれの能力には自ずと限界があり，近年農産物輸出に取り組む産地が増えつつある中で，本書はさらなる関連研究を進めるための中間報告に過ぎないかも知れないが，読者の知る日本産農産物輸出とは異なる事象を提供するものとなれば，編者・執筆者全員にとって望外の幸せである。

　最後になりましたが，本書の刊行には日本農業市場学会から研究叢書助成をいただいた。岩元泉会長，玉真之介副会長兼企画委員長をはじめとする会員各位へ出版事情が厳しい時期にも関わらず，貴重な機会を得られたことに御礼を申し上げる。また，本書の刊行に際し，出版を快く引き受けていただいた筑波書房の鶴見治彦氏をはじめ，同社の皆様には多くのご協力を賜った。併せて感謝申し上げたい。

2013年7月

石塚　哉史・神代　英昭

目　次

まえがき ……………………………………………………………… 3

第1章　本書の課題と構成 ……………………………………………… 9
　第1節　わが国における農産物輸出の動向―2つの転換期― …… 9
　第2節　農産物輸出に関する先行研究の動向と特徴 …… 10
　第3節　本書の課題と構成 …… 14

第2章　わが国における農産物輸出戦略の展開と特徴 ………………21
　第1節　はじめに …… 21
　第2節　わが国における農産物輸出戦略の展開過程 …… 22
　第3節　農産物輸出実績の特徴 …… 28
　第4節　おわりに …… 33

第3章　農業法人主導による果実の輸出システム
　　　　―中国りんご消費市場の実態と片山りんごの輸出マーケティング戦略―
　　　　………………………………………………………………37
　第1節　課題 …… 37
　第2節　日中りんご輸出入の統計分析 …… 38
　第3節　中国における消費者の日本産りんごに対する認識と購買行動
　　　　…… 42
　第4節　片山社のりんご輸出マーケティング戦略 …… 58
　第5節　日本産農産物の対中国輸出と日本の農業・農産物流通 …… 63
　補論　青森県農業におけるりんご輸出の位置づけと行政の取り組みならびに展望 …… 64

第4章　県行政および系統農協の連携による野菜輸出の現段階と課題
　　　　—青森県産ながいも輸出の事例を中心に— ……………………73
　第1節　はじめに …… 73
　第2節　青森県における農産物輸出支援事業の実態 …… 74
　第3節　産地農協における輸出事業の今日的展開
　　　　—青森県内系統農協によるながいも輸出の事例— …… 79
　第4節　おわりに …… 87

第5章　農協主導による冷凍野菜加工事業の現段階と輸出展開 ……………93
　第1節　はじめに …… 93
　第2節　中札内村農協における冷凍枝豆事業の展開過程 …… 94
　第3節　冷凍枝豆の販路拡大へ向けた農協努力と輸出展開の萌芽 …… 102
　第4節　おわりに …… 107

第6章　食品企業主導による緑茶の農産物輸出システム ……………… 111
　第1節　本章の課題と背景 …… 111
　第2節　日本産緑茶輸出の展開 …… 113
　第3節　日本の緑茶産業の現状と製茶企業による日本産緑茶輸出の展開
　　　　…… 118
　第4節　輸出相手先における緑茶販売動向とアジア諸国への輸出拡大の
　　　　要因 …… 127
　第5節　台湾における日本産緑茶輸入販売業者の展開 …… 130
　第6節　台湾における「日本茶」販売動向 …… 136
　第7節　おわりに …… 138

目次

第7章　農産物加工品における米国輸出の展望と課題
　　　─こんにゃく製品の事例を中心に─ ………………………………… *145*
　　第1節　はじめに …… *145*
　　第2節　米国の量販店におけるこんにゃく製品の取扱状況 …… *147*
　　第3節　こんにゃく製品の米国輸出の可能性 …… *148*
　　第4節　おわりに …… *154*

あとがき ……………………………………………………………………… *157*

第1章

本書の課題と構成

第1節　わが国における農産物輸出の動向—2つの転換期—

　戦後直後のわが国の主力輸出商品は農林水産物であり，貴重な外貨取得手段として位置づけられていた。しかしその後の高度経済成長，農林水産物の市場開放や農林水産業の構造変化の急速な進展の中で，農林水産物の輸出は後退した。その一方，農林水産物の輸入は高率で増大を続け，日本全体の総輸入額の中でも大きな割合を占めるにいたっている。このため，農林水産物の輸出入収支では大幅な赤字構造が続いてきた。特に1980年代中盤以降の急速な円高の進展はこの傾向を強めてきた。

　しかし2000年代以降，わが国では農林水産物・食品の輸出拡大，海外市場への開拓に向けて積極的に取り組み始める動きが活性化し，第一の転換期を迎えた。こうした転換の背景にはまず，日本の食材に対する評価の高まり，アジア諸国の経済成長と中間所得層の拡大，という海外市場の条件変化があることは間違いない。しかしそれに加えて，日本国内の条件変化も大きく影響している。2000年代以降WTO（世界貿易機関）体制の下で国際貿易の自由化を進める動きが本格化し，日本もアジア諸国とのFTA（自由貿易協定）やEPA（経済連携協定）交渉を促進する機運が高まってきているが，こうした流れにおいて農業の輸出力を高めるための改革が欠かせなくなってきた。特に，これまでの日本の農業における，輸入品に押されてばかりという暗い雰囲気を払拭し，日本が保有している技術力や資金力を元手として，高品質で安全性の高い農産物を生産し輸出するという「攻め」の戦略への転換が試みられるようになった。具体的には，各都道府県による「農林水産ニッポン

ブランド輸出促進都道府県協議会」(2003年) 及び官民共同の「農林水産物等輸出促進全国協議会」(2005年) の発足，農林水産省による「我が国農林水産物・食品の総合的な輸出戦略」(2008年) の公表などが挙げられる。こうした国内外の条件変化を契機として，2000年代以降，農林水産物の輸出額は継続して拡大してきたのである。

　その後，こうした増加傾向は2007〜08年以降に一度，頭打ちとなっている。水産物は2007年，農産物，林産物は2008年をピークとして減少局面に移行し，2009年度の輸出金額は4,463億円であり，対前年比12％減を記録した。この背景には世界同時不況が影響していると考えられ，農林水産省「我が国農林水産物・食品の総合的な輸出戦略」では輸出金額1兆円の達成目標期間を当初の2013年から2020年に先延ばしした。しかし，2010年に入ると，輸出金額の回復が目覚しく，達成目標期間を2017年に再設定している[1]。いずれにせよ，2008〜09年の農産物輸出金額の減少は，輸出拡大に本格的に着手し始めた2000年代以降では初めて安定した輸出継続・拡大の難しさを提示したと言え，農産物輸出は新たな二回目の転換期を迎えたといえる。ちなみに特に近年注目を集めるのは，東京電力株式会社福島第一原子力発電所の事故に伴う諸外国の輸入規制強化の影響を受けた2010年〜11年にかけての減少であろうが，実は2008年〜09年の減少の方が激しかったことには注意を要する。これについては第2章第1節で詳しく後述する。

第2節　農産物輸出に関する先行研究の動向と特徴

　2000年代以降，わが国が農林水産物・食品の輸出拡大に向けて積極的な取り組みを開始したことに伴って，関連する研究も活発に行われている。それ以前の1990年代においてもりんご，なし，みかん等の果実輸出を対象とした輸出システムの分析を中心に研究成果が一定程度蓄積されている[2]。しかしながら，当時の研究は，国産農産物が豊作期において国内消費量を超過した際の余剰処理として輸出を行い，国産販売価格の下落防止及び農家経営の

安定化を推進することを目的としたものが中心であり，現在の政府等が推進している海外市場への開拓を志向した輸出とは異質な販売行動と捉えることができる。

そこで本節では，各都道府県，及び官民共同，農林水産省による取り組みが活性化した2003年以降に発表された関連研究の成果を中心に検討していく。

1）農産物輸出の支援体制に関する研究

わが国における政府及び全国組織の各協議会，地方自治体による農産物輸出の支援体制や取り組みに関する研究は，櫻井［3］，阮［22］，下渡［9］・［10］等によって行われてきた。

櫻井［3］は，わが国における農産物輸出の現状を分析し，戦略的なマーケティング戦略の必要性を指摘している。

阮［22］は，2003年以降のわが国において本格的に開始された輸出促進の動向を対象としているが，まず近年の農林水産物輸出動向，関連対策の内容及び今後の取り組みを検討した上で，海外市場開拓，輸出阻害要因の是正，輸出志向の生産・流通体制等の構築などの取り組みを強化する必要性を指摘している。また，輸出拡大の最重要課題として日本産農産物の価格競争力を高めることをあげていた。

下渡［9］は，熊本県農産物輸出促進協議会における輸出促進の取り組みを分析し，同協議会が県内の農協の輸出事業を束ねる役割を果たしており，個々の農協が輸出事業を円滑に推進できる環境が醸成されていることを指摘した。また下渡［10］では，福岡県が中心となって推進している農工商連携ファンドを活用した輸出支援活動の取り組みも分析している。

2）農産物輸出における産地側の取り組みに関する研究

農産物輸出における産地側の取り組みに関する研究は，輸出促進策や関連事業が実施された後に活発に行われており，特に，産地から輸出先への流通ルートの構築に関しては研究成果が多い。主要な研究として田中［13］，佐

藤ほか[5]，杉田[11]，増田ほか[17]，下江[6]，下渡[7]・[8]，五嶋[2]，佐藤[4]，古谷[16]等があげられる。

　田中[13]は，青森県産りんごの輸出を事例に産地流通構造，特に輸出主体別の集荷方法，取引形態という流通経路を分析し，複雑な流通経路の下，輸入業者・小売業者の増加に伴い海外需要が分散的になる中で輸出主体が個別に対応していることを明らかにした。また，国内向けに付随した流通のままでは海外市場への対応が困難であり，阻害要因となり得る点を指摘していた。

　佐藤ほか[5]は，長野県内の農協が中心となって実施している，ながいもの台湾輸出を事例に輸出ルートの解明を行っており，輸出推進の課題として模造品対策，代金回収の困難さ，輸出価格の維持の3点を指摘した。

　杉田[11]は，大規模製茶企業と個別農家の事例から，日本茶輸出を行う上での経営戦略について，それぞれの製品戦略を明らかにした。また経営規模の大小によって間接輸出と直接輸出の採用すべき輸出形態が異なることを指摘している。

　増田ほか[17]は，群馬県内の農協による台湾向けキャベツ輸出を事例に，従来の日本産農産物の品質や健康性というブランドイメージによる輸出ではなく，輸出相手国の市場動向（不作時の緊急輸入の対応等）に基づいた輸出の成立条件について分析した。その結果，輸出相手国の需要に対応できるような生産から流通を包括した輸出システムの構築が必要であることを述べている。

　下江[6]は，福岡県内の農協主導によるいちご輸出事業の実態，特に販売戦略を中心に分析を行っており，輸出実務及び代金回収という他産地では商社に担わせている機能を単協自体が直接執り行う独自の輸出システムを明らかにした。

　下渡[7]は，北海道及び青森県の農協が中心となって実施している台湾及び米国向けのながいも輸出を対象に輸出の経緯と歴史，輸出チャネル及び海外での需要動向を分析した。分析結果を基に輸出市場の確保から市場の拡

大という段階にシフトしたことを明らかにした。また下渡［8］では，ホクレン通商と全農福岡県本部が提携して行っている農産物輸出を戦略的アライアンスとして位置づけ，複数の産地が提携し多様な商品を周年供給することによって，輸出量と収益性の安定化に繋がることを示唆している。

五嶋［2］は，鳥取県農協中央会による農産物輸出戦略について，台湾向けのなし輸出を事例に分析を行い，豊作期の余剰数量の販売体制（国内市況対策の価格安定）の輸出から長期供給体制の輸出へシフトしつつあることを明らかにした。また更なる販路拡大のために開始したドバイ向けのすいか輸出の取り組みについて述べている。

佐藤［4］は，台湾向けりんごの輸出を事例として，①日本と他の輸出国との検疫条件の比較，②台湾への果実輸出が拡大する可能性，の2点の分析を行った。前者では，わが国の品質面の優位性が検疫対象病害虫の種類と国内産地の防除水準の高さにあることを明らかにした。後者では，高所得者だけでなく中低所得者においても日本産果実の需要が存在すること，台湾産のりんご生産量が減少傾向にあり，流通量に占める輸入品の比率が高まっていることを指摘し，安全・高品質という条件を恒常的に克服することが可能なら，輸出拡大の可能性が存在していると述べている。

古谷［16］は，青森県産りんご，滋賀県産米，福岡県産いちご等の複数の事例による産地の取り組みを紹介している。また，克服すべき課題として，①知的財産権の保護を強化する対策，②海外の消費者ニーズを把握する必要性，の2点を指摘している。

3）日本産農産物の海外市場での販売戦略に関する研究

日本産農産物の，輸出先での市場評価や現地での販売状況に関する研究は，渡辺［24］，中村ほか［15］，豊［23］，森ほか［18］等によって行われている。

渡辺［24］は，上海での販売方法と輸出可能性を対象に，まず現地の食習慣や流通事情等を整理した後に，今後の市場開拓可能性について指摘している。

中村ほか［15］では，新品種導入の可能性に関する消費者アンケート調査の結果を基に，輸出に関する生産者リスクを分散させるためには黄色りんごの国内需要と欧州輸出の両者を視野に入れたマーケティング活動を行う必要性が高いこと，そのためには，欧州産と比較して付加価値のある生産体制を構築する必要があることを指摘した。

豊［23］は，台湾，タイ，シンガポールの各国における日本産青果物の輸出動向及び販売形態，流通業者の商活動の3点を聞き取り調査から明らかにしたうえで，輸出を安定させるには，価格設定と販売委託等について輸出入先の両国間の連携強化が必要であると指摘している。

森ほか［18］は，香港への青果物輸出を継続的・持続的に増大させることを目標にしている事例を対象に，輸入業者・小売業者間の関連と取引の仕組を分析し，①台湾の輸入業者が卸売市場から「少量×多品目」の混載で輸入する傾向が強いこと，②日本産の価格が高額なために他国産と価格差が発生しており，日本から台湾への輸出増加の障害要因となっていることを明らかにした。

第3節　本書の課題と構成

1) 課題の設定

わが国は国内市場の縮小後の対応及び海外市場の成長による日本食の需要拡大可能性に期待し，輸出関連の補助事業等の積極的な支援を行っている。それに伴い，実際に輸出拡大に取り組む主体やそれらを推進する主体が増加し，多様化している。その結果，日本全体で見れば，輸出先地域の広域化と輸出品目の増大など，農産物輸出が活性化しているのである。

こうした動きに対応し，前節で検討したように，わが国の農産物輸出に関する研究も活発化しているものの，未だ不明瞭な点も少なくない。さしあたり，以下の3点を例挙しておく。

第1は，わが国の農産物輸出に関連する支援政策や事業がどのように進展

しているのかが，時系列に整理されているものが少なく，どの分野に力点をおいて促進しているのか不明瞭な点が存在している。

　第2は，農産物輸出が活発に行われていることに伴い，地方自治体，農協，企業，生産者による取り組み事例について研究成果が蓄積されているが，各研究は個別的に行われる傾向が強いため，輸出主体の違いによるメリット，デメリット及び流通ルートの特徴や差異の段階まで整理したものは少ないといえる。

　第3は，輸出品目が限定されている点である。先行研究は野菜・果実等の青果物を中心とした輸出産地の取り組みや流通についての分析が主であった。しかしながら，近年は生鮮食品だけでなく加工食品にまで輸出品目が拡大している。こうした実態を踏まえると品目別の分析も拡げる必要があると考えられる。

　そこで本書では，関係省庁及び関連機関の統計資料及び現地での実態調査を中心に，わが国の農産物輸出の現段階と課題がいかなるものかという点を解明することを目的とする。具体的には以下の4つの手順を踏みたい。

　第1に，わが国の農産物輸出支援政策及び関連事業の展開過程を分析する。

　第2に，現地での実態調査を中心にわが国の農産物輸出の現段階を把握する。そこでは，農産物輸出の推進主体の違いや対象品目の違いに留意しながら，包括的に検討していく。特に本書では前者（推進主体の違い）に注目し，地方自治体，農業法人，農協，食品企業などの異なるタイプの事例を対象に分析を行う。

　第3に，日本産農産物の海外市場における現在の評価と今後の拡大可能性についても検討する。

　そして第4に，現在のわが国における農産物輸出システムがいかなる段階にあるのか，そして今後の農産物輸出の継続・拡大のためにはどのような課題を克服すべきであるのかを検討していく。

2）本書の構成

　本書の構成は以下のとおりである。

　まず第1章（本章）では，わが国における農産物輸出の動向及び農産物輸出関連の先行研究を整理した上で，本書の課題と構成を明確にする（執筆者：石塚・神代）。

　第2章では，わが国の農産物輸出を促進する契機となった「農林水産ニッポンブランド輸出促進都道府県協議会」及び「農林水産物等輸出促進全国協議会」の発足，農林水産省による「我が国農林水産物・食品の総合的な輸出戦略」の公表以降の関連政策及び事業の展開過程を整理した上で，主要相手国と主要品目や，輸出の中核を成している事業主体の類型化など，現在の農産物輸出実績の特徴を整理する（執筆者：神代・数納）。

　第3章では，片山りんご株式会社（青森県）のりんご輸出の事例を中心に農業法人が主体となって実施している農産物輸出を事例として，農業法人による輸出マーケティング戦略を明らかにしていく。また統計資料及び消費者実態調査を基に，中国国内における果実市場の現状や消費者の認識と購買行動を分析している。その後，輸出に取り組む農業法人での聞き取り調査から農業法人による輸出マーケティングの取り組み内容について検討している（執筆者：成田）。

　第4章では，青森県及び全農青森県本部，ゆうき青森農業協同組合（青森県）が取り組んでいるながいも輸出を事例として，地方自治体と系統農協の連携によって行われている農産物輸出戦略，その中でも県が策定した輸出戦略と系統農協による実践の現段階と課題を明らかにしていく。県庁及び農協等での聞き取り調査結果から輸出相手国において他産地との産地間競争が発生したことに対していかなる販路確保の取組を実施したのかを中心に検討している（執筆者：石塚）。

　第5章では，北海道中札内農協による冷凍枝豆輸出を事例として，農協が主体として行っている農産物加工品の輸出の取り組みについて明らかにして

いく。産地農協での聞き取り調査から，農協による農産加工事業の展開過程，輸出の経緯とその意義，そして現在抱えている問題点を中心に検討している（執筆者：吉仲）。

　第6章では，日本茶の台湾輸出を事例として，食品企業（製茶企業）が主体となって取り組んでいる緑茶輸出事業の今日的展開を中心に明らかにしていく。本章では，緑茶が輸出実績が確認できる期間が他品目よりも長期間であることを踏まえ，戦前・戦後における日本産緑茶の輸出動向を整理・検討した後，近年の輸出相手国における販売動向を明らかにし，今後の緑茶輸出における展望について検討している（執筆者：根師）。

　第7章では，農産物加工品における米国輸出の展望と課題についてこんにゃく製品の事例を中心に検討していく。こんにゃく製品の米国輸出の現段階を判断する資料が稀少なことから，本章では量販店でのこんにゃく製品の取扱状況の実態を量販店のヒアリング調査から明らかにする。また，米国輸出の可能性に関しては，試食会・展示会で実施したアンケート調査及び外食産業幹部のヒアリング調査から検討していく（執筆者：石塚・杉田・数納）。

「付記」
　本章第2節は，科学研究費助成事業（若手研究（B））課題番号23780219）「わが国における農産物輸出の現段階と海外需要創出に関する実証的研究」（平成23～25年度，研究代表者：石塚哉史）の成果の一部である。

注
（1）『日本農業新聞』2010年7月26日。
（2）代表的な研究成果として，豊田［14］，池田［1］，立岩［12］，森尾［19］，［20］，森尾・豊田［21］等があげられる。

引用文献
［1］池田勇治「二十一世紀なし輸出の背景と課題」東京農業大学農業経済学会『農村研究』第72号，pp.48～58，1991年。
［2］五嶋大真「攻めの輸出戦略」農政ジャーナリストの会編『日本農業の動き

167：日本農業の再構築へ』農林統計協会，pp.143〜147，2009年。
[3]櫻井研「国産農産物輸出の課題と展望」農政ジャーナリストの会編『日本農業の動き149：なるか！国産農産物の輸出拡大』農林統計協会，pp.16〜36，2004年。
[4]佐藤敦信「台湾市場への日本産果実の輸出拡大とその課題―輸出入検疫との関連で―」日本農業市場学会『農業市場研究』第18巻第1号，pp.57〜62，2009年。
[5]佐藤敦信・石崎和之・大島一二「日本産農産物輸出の展開と課題―長芋の事例を中心に―」日本農業市場学会『農業市場研究』第15巻第1号，pp.71〜74，2006年。
[6]下江憲「直販事業を活用した単協主導による農産物輸出」日本農業経済学会『2006年度日本農業経済学会論文集』pp.103〜110，2006年。
[7]下渡敏治「ながいもの生産・輸出の現状と今後の輸出動向の課題」独立行政法人農畜産業振興機構『野菜情報』第27号，pp.14〜24，2006年。
[8]下渡敏治「産地間の戦略的提携による農産物輸出の取り組みとその課題」独立行政法人農畜産業振興機構『野菜情報』第35号，pp.17〜26，2007年。
[9]下渡敏治「熊本県による農産物輸出の取り組みと今後の展望」独立行政法人農畜産業振興機構『野菜情報』第59号，pp.13〜21，2009年。
[10]下渡敏治「輸出応援農商工連携ファンドの創設によって農産品の輸出拡大を目指す福岡県の取り組みとその課題」独立行政法人農畜産業振興機構『野菜情報』第74号，pp.16〜28，2010年。
[11]杉田直樹「日本茶輸出と国際マーケティング」日本農業経営学会『農業経営研究』第128号，pp.111〜116，2006年。
[12]立岩寿一「輸出用みかん生産の構造と展望」東京農業大学農業経済学会『農村研究』第81号，pp.61〜69，1995年。
[13]田中重貴「日本産りんご輸出における産地流通主体の役割」北海道大学大学院農学研究院『農経論叢』第62集，pp.141〜150，2006年。
[14]豊田隆「日本産果実の海外輸出の展望」豊田隆『果樹農業の展望』農林統計協会，pp.231〜233，1990年。
[15]中村哲也・丸山敦史・佐藤昭壽「欧州輸出用リンゴの新品種導入の可能性と国内消費者評価―EUREPGAP認証リンゴの食味アンケート調査からの接近―」日本農業経済学会『2007年度日本農業経済学会論文集』pp.256〜263，2007年。
[16]古谷千絵『いちご，空を飛ぶ―輸出でよみがえるニッポンの農―』ぎょうせい，2009年。
[17]増田弥恵・大島一二「市場変動と農産物輸出戦略―生産過剰時における台湾向けキャベツの事例―」日本農業市場学会『農業市場研究』第16巻第1号，pp.85〜89，2007年。

[18] 森路未央・藤島廣二「香港における日本産生鮮青果物輸入・販売の仕組みと日本の課題」日本農業経済学会『2009年度日本農業経済学会論文集』pp.287～294，2009年。
[19] 森尾昭文「鳥取県産なし輸出における相互調整システム」『農―英知と進歩―』第224号，農政調査委員会，1995年。
[20] 森尾昭文「果樹農業の国際化―果実輸出システムの国際比較―」日本農業市場学会『農業市場研究』第6巻第1号，pp.12～20，1997年。
[21] 森尾昭文・豊田隆『果樹輸出システムの形成と垂直的調整―日本とニュージーランドの国際比較―』日本農業経済学会『農業経済研究』第69巻第1号，pp.52～58，1997年。
[22] 阮蔚「日本の農産物輸出促進の動き」農林中金総合研究所『農林金融』2005年6月号，pp.35～54，2005年。
[23] 豊智行「日本産生鮮青果物輸出などにおける流通業者の輸入・販売の特徴―台湾，タイ，シンガポールを対象として―」独立行政法人農畜産業振興機構『野菜情報』第59号，pp.46～53，2009年。
[24] 渡辺均『農産物輸出戦略とマーケティング―成長著しい上海市場における日本産農産物輸出の可能性を探る―』ジー・エム・アイ，2005年。

（石塚　哉史・神代　英昭）

第2章

わが国における農産物輸出戦略の展開と特徴

第1節　はじめに

　図2-1のように，2000年以降の農産物輸出額は2008年に至るまで，継続的な増加を遂げてきたといえる。特に，2004年～08年に至るまでの成長は著しい。しかし，近年，状況は変化している。特に記憶にも新しく注目を集めているのは東京電力株式会社福島第一原子力発電所の事故の影響による2010年から11年にかけての減少であろう。確かに農林水産物総額で見ると4,297億円から3,879億円へと9.7％の減少，農産物に限定しても，2,417億円から2,203億円へと8.9％の減少が見られる。この要因として『食料・農業・農村白書』

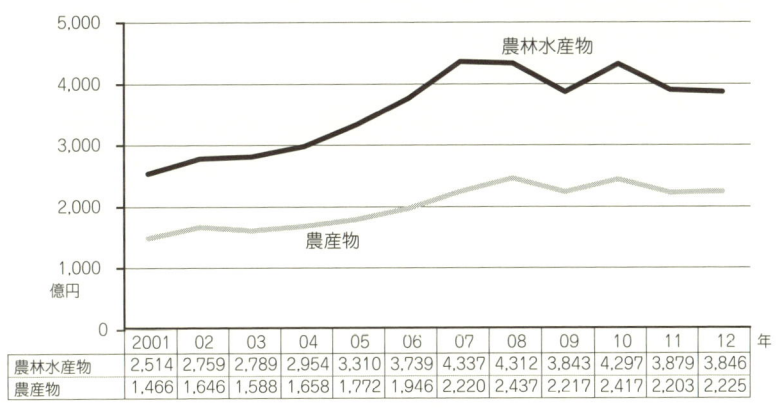

図2-1　わが国の農産物輸出額の推移

資料：農林水産省「農林水産物の輸出入概況」各年度版より作成
注：1）ともにアルコール，たばこ，真珠を除く金額を示している。
　　　この金額は農林水産物・食品の輸出促進事業の輸出拡大目標として使用されている定義である。
　　2）2001年についてはコメ支援に係るコメの輸出額を除く。

では，円高による影響や東京電力株式会社福島第一原子力発電所の事故に伴う諸外国の輸入規制強化の影響を指摘している。

しかしより注意を要することに，実は上記に先行して2008年から09年にかけても激しい減少を経験しているのである。農林水産物総額で見ると4,312億円から3,843億円へと10.9％の減少，農産物に限定しても，2,437億円から2,217億円へと9.0％減少している。この要因について『食料・農業・農村白書』では，「円高の継続や世界的な景気の後退等，輸出環境が厳しい」ことを指摘している。

我々は近年の農産物輸出の伸び悩みを考える際に，福島第一原子力発電所の事故に目を奪われがちであるが，実はこの発生以前にすでに難局に直面していたのである。原子力発電所の事故による影響は広範囲であり長期的となることは言うまでもないが，問題をそれだけに矮小化せず，より根本的な原因解明をすることが必要不可欠な段階にあるといえよう。そうした意味で本書ではまずは2009年までの状況を中心に，論じていくスタンスを取っているのである[1]。

第2節　わが国における農産物輸出戦略の展開過程

1）政策サイドの農産物輸出の必要性と意義

まず本節では，現時点での政策サイドにおける農産物輸出の位置づけを確認する。具体的には農林水産省『農林水産物・食品の輸出促進対策の概要』（2012年5月）を参照しながら整理する。なお，以下の内容は，2000年代以降の農産物輸出促進対策の展開過程の中では，取り上げられる主体，状況，時代に応じて多少言い回しやその強弱が変化することはあっても，現在は多くの人の共通認識となっているものと言えよう。

まず輸出促進を図る必要性として，今後の日本国内の農産物・食品市場は少子高齢化などの影響により縮小する見込みが強い一方，海外市場は経済発展等の影響により拡大する見込みが強いことが述べられている。

第2章 わが国における農産物輸出戦略の展開と特徴

また農産物・食品輸出を促進することの意義として，生産者（産地・地域），消費者（国民全体）の双方にメリットがあることを強調している。まず，生産者にとっての具体的なメリットとして，①直接的な効果（農林水産物・食品の新たな販路拡大・所得向上，国内価格下落に対するリスク軽減）と②間接的な効果（海外輸出を通じた国内ブランド価値の向上，経営に対する意識改革，地域経済の活性化）が指摘されている。また，消費者（国民全体）にとってのメリットとしては，③国内事情（生産量の増加による食料自給率の向上，食料安全保障への貢献），と④対外関係（わが国の輸出入バランスの改善，日本食文化の海外への普及，世界各国の人々の対日理解の増進）が指摘されている。

2）農産物輸出の促進・振興のための組織の展開

わが国の農産物輸出促進・振興の流れは2003年以降に本格化していくのだが，初期は自治体（都道府県）が主導し，その後，国（農水省）が関与するという流れとなっている。

（1）農林水産ニッポンブランド輸出促進都道府県協議会

まずは自治体（都道府県）が連携しながら主導して国産農林水産物の輸出拡大を図るため，「農林水産ニッポンブランド輸出促進都道府県協議会」（以下，「都道府県協議会」と略す）が2003年5月，鳥取市内で発足した。

このような自治体主導によるネットワーク構築は初めての試みであった。各県がこの時期から農林水産物の輸出拡大を狙った背景としては，不況による国内の食品需要の落ち込みが大きいこととは対照的に，主な輸出先である東アジア諸国の経済成長が著しかったことがあげられる。その結果，価格が高くとも，品質の優れた「ニッポンブランド」を求める海外の高所得者層は増えており，昨今の日本食ブームとして表れている。さらに，2002年には中国と台湾がWTOに加盟し，輸入制限が大幅に緩和され，日本からの輸出を増大させるチャンスが広がったこともある。

都道府県協議会の初会合の席で，呼びかけ人の一人である片山善博鳥取県知事（当時）は，「今までの農業は外圧を何とか避けたいという姿勢に終始してきました。しかし，工業製品で高い技術を持つわが国は，一次産業でも国際競争力をつけた魅力ある商品で海外に出ることは可能だと思います。」とあいさつし，輸入対抗措置ばかり行っている国レベルの農政を批判し，農林水産物においても世界に冠たる「ニッポンブランド」があることを力説している。この発言にある「魅力ある商品」とは，日本古来の文化や風土，日本人の繊細な感性等が育んできた各都道府県のブランド農林水産物のことを指す。

　この都道府県協議会は前記の鳥取県知事（当時）が音頭を取り発足した組織であり，当初は23道県の参加であったが，その後，広がりを見せ2005年3月時点で42道府県まで増加した。

　これらの動きを受け，2004年に農林水産省は農林水産物の輸出振興を目的として「農林水産物・食品輸出促進本部」を設け，同年4月には生産者らの活動を支援するために「輸出促進室」を設けることとなった。そうした意味でも都道府県協議会は，行政による輸出支援の契機となったといえよう。

（2）農林水産物等輸出促進全国協議会

　前述したように，輸出促進の動きは自治体主導の都道府県協議会の組織化が契機となっている。しかし，輸出の際には輸入割当や植物検疫等の国家間の問題も避けては通れないため，輸出の本格的な支援のために自治体個々の取り組みを超えた国レベルでの関与を求める動きがみられるようになり，これを受け，2005年4月，官民共同の農林水産物等輸出促進全国協議会（以下，「全国協議会」と略す）が設立された[2]。この全国協議会には農林水産省，経済産業省，外務省のほか，地方自治体，農協，独立行政法人日本貿易振興会（JETRO），経団連，食品メーカーなど，官民多方面が参加している。

　この全国協議会の設立総会において，①日本産の農産物は日本文化が反映されたものであり，欧米の人たちからみれば日本農業は農業ではなく園芸だ

と評されるほどきめが細かく繊細で美しいこと，②日本の食材の代表ともいえる醤油はヨーロッパのソースとは異なり料理の素材のうま味を引き出す，相手を立てるという日本文化の謙虚さが表れており，日本文化の良さを世界の人に知ってもらう必要があること，③多くの外国人に訪日していただくためにも日本農業を活性化させ，それぞれの（農村）地域の中で生きる自信と誇りを各地において生み出すこと等が参加者に呼びかけられている。

そもそも，この農林水産物等の輸出の拡大の効果は，我が国の農林水産業や食品産業，さらにこれらに関わる業界への経済効果にとどまることなく，産業に携わる人皆に活力をもたらすものであり，産品の産地である地域経済の活気を呼び起こし，日本食を通じた日本文化の発信等，我が国の将来をも見据えた場合，大きなプラスの効果をもたらすものと期待されているものである。

以上のような認識のもと，全国協議会は，農林水産物等の輸出額を増進させることを目標に据え，官と民が一体となって「攻め」の農林水産業を実現するために，『我が国農林水産物等の輸出促進基本戦略』（以下，「基本戦略」という）を作成し，さまざまな取り組みを推進してきた。その取り組みは，（1）販路の創出・拡大，（2）輸出阻害要因の是正，（3）知的財産権・ブランド保護，（4）輸出志向の生産・流通体制の確立，の4点に集約できる。

その後，2006年には『農林水産物等輸出倍増行動計画』を策定し，5年で輸出額倍増を実施するための方策が練られた。翌2007年には，『我が国農林水産物・食品の総合的な輸出戦略』が取りまとめられた。この際，第1次安倍内閣によって「農林水産物・食品の輸出額を2013年までに1兆円規模にする」という目標が掲げられたのである。

3）農産物輸出の促進・振興のための支援事業の性格とその変化

次に，2004年以降の農産物輸出の促進・振興のための具体的な事業の性格とその変化について，（1）支援事業（補助金）の内容と規模，（2）政策文書（『食料・農村・農業白書』）上の扱い，の2点から整理する。

(1) 支援事業（補助金）の内容と規模

輸出促進対策事業の予算概算決定額の推移を**表2-1**に整理した。2004年以降，予算総額や予算の項目数が増えており，政府としても輸出振興に本腰を据えていることがわかる。

まず時期別に事業の内容について注目すると，全期間を通して実施されているのは，品目に関わらず日本の農産物輸出全体を促進するための支援である。具体的に見れば，日本型食生活の良さを織り込んだ販売促進活動の支援を指す「日本食・日本食材等海外発信事業」，海外における展示会・商談会の実施やアンテナショップの設置の支援を指す「海外販路創出・拡大事業」，育成者権に関する権利侵害対策マニュアルの作成などを指す「品種保護に向けた環境整備」である。

また初期段階の支援の特徴は，生産者が輸出しやすい環境整備や調査事業が中心だったが，その規模は次第に縮小している。具体的に見れば，集出荷

表2-1 輸出促進対策事業の予算概算決定額の推移

（単位：百万円）

年度	総額	海外販路創出・拡大事業	日本食・日本食材等海外発信事業	農林水産物貿易円滑化推進事業	品種保護に向けた環境整備	ブランドニッポン農産物販路拡大支援事業	農林水産物輸出促進対策	海外日本食優良店調査・支援事業
2004	804	100	104	250	0	350	0	
2005	656	273	121	0	11	0	0	
2006	1,253	430	105	85	72	0	300	
2007	2,300	610	397	215	72	0	600	276
2008	2,008	500	366	110	58	0	600	182
2009	2,068	426	282	0	49	0	800	107

資料：農林水産省『農林水産予算概算決定の概要』各年度版をもとに，筆者作成。
注：1）ただしここで表出しているのは，農林水産物の輸出促進対策事業として予算を組まれているものに限る。他の事業の中に輸出関連も含まれているもの（予算上で「○○交付金の内数」と表記されているもの）は，正確な金額が特定できないため，表出していない。
　　2）表出した期間内で，名称変更しているものが多いが，実施項目の内容から筆者が判断し，分類した。（例：2004～2006年「輸出促進型米消費拡大事業」→2007年以降「日本食・日本食材等海外発信事業」）

第2章 わが国における農産物輸出戦略の展開と特徴

施設・鮮度保持施設などの共同利用施設の導入支援を指す「ブランドニッポン農産物販路拡大支援事業」,諸外国の貿易制度等の調査,海外セミナー等を活用したPR活動を指す「農林水産貿易円滑化推進事業」である。

一方,2006年以降に登場し重点化されている事業は,より輸出が進んでいる先進事例を重点的に支援するプロジェクト・モデル支援事業である。具体的には,特定品目における意欲的な民間団体等を対象に重点的に支援するモデル事業を指す「農林水産物輸出促進事業」,海外日本食優良店の調査,現地における優良店の基準の策定・普及,現地組織による情報収集等を支援することにより,海外における日本食の信頼性を高め,日本食ファンを世界に拡げることを目的とする「海外日本食優良店調査・支援事業」である。

(2) 政策文書(「食料・農村・農業白書」)上の扱い

次に政策文書上の扱いの変化から農産物輸出の位置づけの変化を考察する。**表2-2**は農林水産省が毎年発行している『食料・農業・農村白書』の中から農産物輸出に関連した言及を整理したものである[3]。

輸出推進が本格化する前の2001〜03年はページ数もそれほど多くなく,位置づけとしてもあくまでも農産物貿易の動向の一環として農産物輸入とワンセットで農産物輸出に言及しているに留まっていた。しかし,2004年以降に

表2-2 『食料・農業・農村白書』内での農産物輸出関連の言及

年度	頁数	章タイトル	項タイトル
2001	1	食料の安定供給システムの構築	わが国の農産物貿易の動向
2002	2		
2003	3		
2004	10	国産の強みを活かした生産の展開	農産物輸出の取組の推進
2005	8		
2006	7	農業の体質強化と新境地の開拓	農産物輸出の一層の促進
2007	6	食料自給率の向上と食料の安定供給	農林水産物・食品の輸出促進の取組
2008	2	農業の体質強化と持続的発展	
2009	2	農業の持続的発展に向けて	輸出拡大の取り組み
2010	5		

資料:農林水産省『食料・農業・農村白書』各年度版をもとに筆者作成。

は，ページ数が大幅に増えるとともに，位置づけに関しても，国内農業の体質強化，持続的発展と関連付けて言及されるようになっている。

さらに内容に関して特徴的なものを列挙すれば，2004年からはアジア諸国・地域における経済発展と高額所得者層の市場形成，2005年からは輸出拡大に向けた課題，2006年からは日本産農産物の海外における評価，海外の日本食レストランの展開状況，2007年からは食料自給率向上にもつながる農林水産物・食品の輸出などの情報が，図表を交えて説明されている。国民に対して輸出戦略の重要性と，輸出実績の拡大を広く訴え，認知度を向上させようとする意図が見て取れる。

第3節　農産物輸出実績の特徴

それでは，これまで見てきた輸出戦略の下で，どの程度の農産物輸出実績が達成されているのだろうか。各品目の詳細な実績については第3章以降を参照してもらうことにして，本節では，統計・資料分析より，1）主要相手国と主要品目（国レベル），2）先進事例の特徴（現場レベル），の2点を中心に，農産物輸出の現在の特徴を整理してみたい。

1）主要相手国と主要品目

2000年以降，農産物輸出金額が継続して伸び続けたことは**図2-1**ですでに確認したが，さらに踏み込んで国別に注目すると（**図2-2**），上位3国は香港，アメリカ，台湾であり，その次点に中国，韓国が位置し，さらにタイ，シンガポール，ベトナムという東南アジア諸国が位置づいていることがわかる。すべての国が2008年まで全体的に拡大傾向にあることは共通しているが，アメリカ，台湾，韓国では2009年以降，輸出額が減少に転じている。一方，香港，中国，ベトナムは2009年以降も増加し続けていたが，2011年以降には減少に転じている。

表2-3は2008年度における主要国の農産物輸出金額の品目別構成を示した

第2章　わが国における農産物輸出戦略の展開と特徴

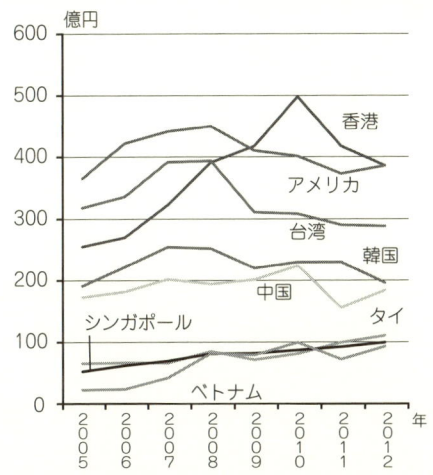

図2-2　主要輸出相手先別の農産物輸出金額の推移
資料：図2-1と同じ。
注：ただし，2004年以前は，アルコール飲料，たばこ，真珠を含まない数値を発見できなかったため，2005年から2012年の数値を示した。

表2-3　主要国別の，農産物輸出金額の品目別構成（2008年度）

	香港	アメリカ	台湾	韓国	中国	全体
加工食品	39%	55%	43%	53%	48%	47%
畜産品	**23%**	7%	17%	6%	14%	14%
穀物等	**18%**	10%	5%	6%	5%	10%
野菜・果実等	6%	6%	**28%**	2%	6%	8%
その他農産物	14%	22%	9%	**31%**	28%	21%
農産物輸出金額（億円）	795	724	481	491	437	4,312

資料：農林水産省「品目・仕向地別のヒント」『農林水産物・食品の『輸出』についてのヒント集』を基に筆者作成。
注：全体の構成比と比較して1.5倍以上の箇所に太字処理を施した。

ものであるが，国別に特徴があることが見て取れる。具体的に言えば，香港における畜産品，穀物等，台湾における野菜・果実類，韓国におけるその他農産物が，全体と比較して割合が高く，各国の特徴を表しているといえる。

29

2）輸出に取り組む事業主体の特徴に関するデータ分析

　国レベルで見れば少なくとも2008年まで輸出拡大は継続してきたが，こうした動きは，現場レベルのどのような主体の取り組みによって実現されてきたのだろうか。

　輸出拡大の取り組み自体，最近活性化した動きであり，全体を網羅した統計資料や研究業績はあまり存在しない。それを補うべく，実態調査を基に接近するのが本書の第3章以降の最大の特徴である。本項では，各章で扱う先進事例の位置づけを明確化するために，現在得られる資料を基に輸出取組事例の全体像をできる限り整理してみたい。

　分析する資料は，農林水産省国際部『農林水産物等の輸出取組事例』である。同資料は果実や野菜，水産物など，農林水産物の輸出に意欲的に取り組んでいる全国の事例の特徴を，1事例あたりA4・1枚程度でコンパクトにまとめた資料である。主たる対象が現在あるいは新規に輸出に取り組もうとする実践者向けの資料であると推測され，記載事項はあまり統一されておらず，情報量も限定されている。しかし，事例数が豊富であり，地域・品目のバランスも比較的考慮されたものと言える（**表2-4**，**表2-6**を参照）。2008年以降，ほぼ毎年公表されており，2008年版は75件，2009年版は104件，2010年版は130件が紹介されている[4]。本項では，この3か年分のうち重複している同一事例を差し引いた156件を対象に，記述内容を整理し，分析することで輸出に取り組む主体の特徴を整理してみたい。

　まず，**表2-5**に輸出開始年を示した。早い時期から輸出に取り組む主体も存在するものの，不明分を除いた約3分の2が2004年以降に輸出を開始している。特に2004年以降は毎年10件以上のペースで輸出取り組

表2-4　立地状況

立地	実数	割合
北海道	15	9.6%
東北	26	16.7%
関東	24	15.4%
北陸・中部	27	17.3%
近畿	14	9.0%
中・四国	19	12.2%
九州・沖縄	23	14.7%
全国	8	5.1%
合計	156	100.0%

資料：農林水産省国際部「農林水産物等の輸出取り組み事例」を筆者が再整理して作成．

第2章 わが国における農産物輸出戦略の展開と特徴

表2-5 輸出開始年

開始年	実数	割合	
1950年以前	4	3.1%	
1951～90年	13	10.1%	34.1%
1991～2000年	15	11.6%	
2001～03年	12	9.3%	
2004年	17	13.2%	
2005年	11	8.5%	34.9%
2006年	17	13.2%	
2007年	13	10.1%	
2008年	15	11.6%	31.0%
2009年	12	9.3%	
不明	27	-	-
合計	156	100%	

資料：表2-4と同じ。
注：割合については不明分を除いて計算した。

表2-6 輸出品目の構成

		農産品				農産加工品				水産品	畜産品	林産品	合計
		米	野菜	果実	花き観葉植物	日本酒	他アルコール	茶	その他				
実数		16	29	43	8	13	6	8	25	27	14	9	198
構成比		10.3%	18.6%	27.6%	5.1%	8.3%	3.8%	5.1%	16.0%	17.3%	9.0%	5.8%	126.9%
開始年	～2003年	4.5%	9.1%	20.5%	**11.4%**	**15.9%**	6.8%	6.8%	9.1%	18.2%	11.4%	6.8%	44
	2004～06年	11.1%	22.2%	33.3%	2.2%	0.0%	2.2%	2.2%	24.4%	20.0%	8.9%	2.2%	45
	2007～09年	**17.5%**	25.0%	32.5%	2.5%	7.5%	2.5%	7.5%	20.0%	10.0%	5.0%	5.0%	40
	不明を除く合計	10.9%	18.6%	28.7%	5.4%	7.8%	3.9%	5.4%	17.8%	16.3%	8.5%	4.7%	129
	不明	7.4%	18.5%	22.2%	3.7%	11.1%	3.7%	3.7%	7.4%	22.2%	11.1%	11.1%	27

資料：表2-4と同じ
注：開始年ごとのクロス集計においては、不明を除く合計の割合と比較し、1.5倍以上の箇所は太字処理、0.5倍以下の箇所には下線処理を施した。

み事例が増加しており，政策等のバックアップの影響が大きいことが見て取れる。そこで**表2-6**以降は，各項目の1次集計とともに，開始年に注目したクロス集計を行うことで，輸出取組事例の特徴をあぶりだしてみたい。開始年に応じて（1）2003年までの輸出戦略本格化前，（2）2004～06年までの輸出戦略開始期，（3）2007～09年の輸出戦略充実期，と3つの時期に分けて分析する。

表2-6の輸出品目とその構成に目を向ければ，農産品，農産加工品，水産品，

表 2-7　輸出先の構成

		香港・台湾	中国・韓国	東南アジア	北米	ヨーロッパ	ロシア	その他	合計
	実数	100	50	45	47	26	9	12	289
	構成比	64.1%	32.1%	28.8%	30.1%	16.7%	5.8%	7.7%	185.3%
開始年	～2003年	50.0%	43.2%	20.5%	**47.7%**	**34.1%**	0.0%	9.1%	44
	2004～06年	66.7%	26.7%	28.9%	26.7%	4.4%	4.4%	4.4%	45
	2007～09年	75.0%	17.5%	30.0%	15.0%	7.5%	7.5%	5.0%	40
	不明を除く合計	63.6%	29.5%	26.4%	30.2%	15.5%	3.9%	6.2%	129
	不明	64.1%	32.1%	28.8%	30.1%	16.7%	5.8%	7.7%	27

資料：表2-4と同じ
注：表2-6と同じ。

畜産品の順番となっている。農産品の中では果実，野菜の占める割合が高く，農産加工の中では，その他，日本酒，茶の割合が高い。述べ回答割合が126.9%であることから，輸出品目に関しては1つに絞り込んで取り組む事例が多いことがわかる。開始年に注目すれば，（1）輸出戦略本格化前に多いのは，花き・観葉植物，日本酒，（日本酒以外の）アルコールであったが，（2）輸出戦略開始期には戦略充実野菜，果実，その他農産加工品も増大していく。さらに（3）輸出戦略充実期になって米の輸出も拡大している。

さらに表2-7の輸出先とその構成に関しては，香港・台湾が多く，その次に中国・韓国，北米，東南アジアの順番である。特に，香港・台湾，中国・韓国・東南アジアを併せて，アジア全体のポイントを算出すれば125.0となり，それ以外の合計の60.3の2倍強となる。アジアが主力輸出先として期待されていることがこの表からもわかる。さらに，述べ回答数を見れば185.3%となっており，1つの地域に特化するのではなく2つ以上の地域に輸出している主体も少なくないことがわかる。開始年に注目すれば，（1）輸出戦略本格化前に多いのは，北米・ヨーロッパと中国・韓国であったが，（2）輸出戦略開始期には，香港・台湾，東南アジアも強化されている。（3）輸出戦略充実期になるとロシアへの輸出も拡大している。

最後に表2-8に基づき，輸出に取り組む中心主体とその構成に注目すれば，

第2章 わが国における農産物輸出戦略の展開と特徴

表2-8 輸出中心主体の構成

		協同組合	食品企業	協議会	農業者・農業法人	公益法人・公社	合計
	実数	55	41	27	21	12	156
	構成比	35.3%	26.3%	17.3%	13.5%	7.7%	100%
開始年	～2003年	29.5%	**40.9%**	<u>6.8%</u>	20.5%	<u>2.3%</u>	44
	2004～06年	40.0%	20.0%	20.0%	15.6%	4.4%	45
	2007～09年	40.0%	17.5%	20.0%	12.5%	**10.0%**	40
	不明を除く合計	36.4%	26.4%	15.5%	16.3%	5.4%	129
	不明	29.6%	25.9%	25.9%	0.0%	18.5%	27

資料：表2-4と同じ．
注：表2-6と同じ．

協同組合，食品企業主体のものが多く，その次に（構成主体に地方自治体を含む）協議会，農業者・農業法人，公益法人・公社という順番になっている。協同組合と農業者・農業法人を合わせた「農業関連」は48.7％，食品企業は26.3％，協議会と公益法人・公社を併せた「行政関連」は25.0％，という状況であった。開始年に注目すれば，（1）輸出戦略本格化前に多いのは，食品企業や農業者・農業法人などの輸出取組主体そのものであったが，（2）輸出戦略開始期には，協同組合，協議会などのバックアップ組織・集団が増加している。さらに（3）輸出戦略充実期になって公益法人・公社も増えている。

第4節 おわりに

1）本章のまとめ

本章では2000年代以降本格化した農産物輸出戦略について，特に2009年までの展開過程を中心に分析した。2003年以降，初めは自治体が，そしてその後は国（農林水産省）によって，組織づくり，支援事業ともに重点化していく状況が見て取れた。

国レベルでの農産物輸出実績も，2008年まで順調に拡大していた。相手先はアジア諸国が中心であり，国によって品目別構成に大きな差が生じていた。

また農林水産省『農林水産物等の輸出取組事例』から現場レベルの動きを見ると，政策支援が本格化した2004年以降の開始事例が多いこと，1つの品目に特化しながら2つ以上の地域に輸出している事例が多いこと，主体としては，約半数が「農業関連」，4分の1強が食品企業，4分の1が「行政関連」という状況が明らかになった。さらに開始年に注目すると，輸出戦略本格化前は，花き・観葉植物，アルコールを，北米，ヨーロッパや中国・韓国に向けて，食品企業や農業者・農業法人が輸出する例に集中していた。しかし，輸出戦略が本格化するにつれて，野菜，果実，その他農産加工品，米などの品目が，香港・台湾，東南アジアに向けて，協同組合，協議会の手によって輸出される事例が増えてきた。輸出品目，輸出先が多様化するとともに，事業主体そのものを後押しする組織や行政のバックアップも充実化していることが見て取れた。

2）直面する課題

　以上のような展開を図りつつも，冒頭で見たように2008年までは農産物輸出は拡大し，その後，苦戦している。この原因には経済不況などの外部要因が大きいことはすでに指摘されているが，それ以前から抱える内部的な問題を指摘する見方もある。例えば，研究者サイドからは農産物輸出の拡大可能性に関わる論点として，以下の2点のような問題提起がなされている[5]。

（1）わが国の今後の輸出促進の方向性と，政府と民間の関係

　WTO交渉を典型とした農産物国際交渉においては，すでに輸出補助金を付けたダンピング輸出の新規導入が実質上禁止されているため，わが国政府は，民間事業者の輸出に関し，側面支援しかできない。先行する欧米等農産物輸出国との違いがここにある。つまりわが国の農産物輸出の成否は，最終的には中心事業者の主体性や実力次第といえる。

第2章　わが国における農産物輸出戦略の展開と特徴

(2) 国際市場と国内市場の関係性

　農産物・食品はあくまでも味の差別化が中心であるが，現在の内外価格差や生産コストの国際的格差に手をつけないまま，国際的な市場を拡大することには限界がある。これまでの輸出量が多い品目に注目すれば，味の差別化がしやすい，果物，和牛肉，米など，一部の品目に限定されている。日本の国内市場の中で輸入品と競争できないものにおいては，今後の国際市場で競争できる可能性はそれほど高くないと考えられる。

　以上のことを考慮すれば，農産物輸出の拡大可能性が決して楽観視できない状況にあったにもかかわらず，強く推し進めようとする背景には，暗く沈みがちな農業界全体の動向に対し，輸出という明るい話題を提供しようとする政治的狙い・思惑が先行しすぎているのではないかと筆者には感じられる。輸出促進は，輸出しようとする部門や主体にとっては利益となるが，日本農業全体や国全体としては必ずしもそうではない。

　これまでそしてこれから農産物輸出の促進を日本全体で一丸となって進めようとする動きが，イメージ先行のものではないのか，それとも実態が伴った動きとして評価できるのか，観念論・べき論だけではない，先行事例に根差した，地に足を着けた具体的な検証が，今こそ求められている段階にあるといえよう。本書の執筆者はこうした問題意識を共有しながら，第3章以降で，実態調査とそれに基づく分析を展開しているのである。

注
(1) 現状では被災地周辺地域を中心に輸出が停滞している。その対応を検討することも重要な課題と言えるが，震災以後の経過年数では未だ判断しかねる点，輸出が縮小した現段階における検討は困難な点などの理由から，上記については今後の課題とし，本書では2009年までの状況を中心に分析していく。
(2) 阮［2］はこの前史として，農林水産省が主導して，JETROを窓口に専門家が2003年7月に設立した「日本食品海外市場開拓委員会」の役割が大きかったことを指摘している。
(3) 「食料・農業・農村白書」は，農林水産省が毎年国会に報告することが義務づ

けられたものであり，食料・農業・農村の特徴的な動向と課題，ならびに今後展開される具体的な施策の方向性やその必要性について整理したものである。特に「農業基本法」を抜本的に見直し「食料・農業・農村基本法」という新たな政策体系を再構築した1999年以降は，写真やグラフ，コラムなどを充実化させながら国民階層の理解と支持が得られるような素材提供がなされるようになっている。現段階では単なる現状報告にとどまらず，国民へのメッセージという性格が強まっている。
（4）農林水産省ホームページ「輸出取り組み事例の紹介」を参照。
（http://www.maff.go.jp/j/shokusan/export/torikumi_zirei/index.html）。
　なお，各年度版は6月に公表されているので，おおむね公表された年の前年の状況を表しているとみることができる。
（5）非常に多くの指摘がなされているが，輸出が本格化する以前からの例として山下一仁［1］を参照。

参考文献
［1］山下一仁「農産物輸出は日本農業再生の切札となるか」『産経新潮』2004年11月号。
［2］阮蔚「日本の農林水産物輸出促進の動き―競争力強化をねらう「攻め」への方向転換―」『農林金融』2005年6月号，pp.36～54，2005年。

　　　　　　　　　　　　　　　　　　　（神代　英昭・数納　朗）

第3章

農業法人主導による果実の輸出システム
―中国りんご消費市場の実態と片山りんごの輸出マーケティング戦略―

第1節　課題

　本章に課せられた課題は，日本産農産物の対中国輸出の実態を明らかにすることである。依然として高い経済成長率を維持し購買力を高めつつある中国は，わが国農産物にとって有望な市場として注目されている。そこで，わが国では農産物の対中国輸出に取り組む事例が勃興してきている。

　しかしながら，中国が輸入を解禁している日本産農産物は多くなく，りんごとなし，暫定的に解禁された米の3品目のみである。中でも，一定の輸出実績を積み重ねている品目はりんごのみとなっている。また，後述するように，日本産りんごの対中国輸出は，徹底したマーケティング的対応を求められている段階にあるが，意識的なマーケティング戦略を持って対中国輸出に取り組んでいる輸出主体は限られている。

　そこで本章では，以下の構成によって冒頭の課題にこたえることとする。第1に，統計資料に基づき，我が国のりんご輸出における中国の位置並びに中国果実消費市場の現状を明らかにする（第2節）。特に中国果実消費市場の現状については，中国山東省青島市で実施した消費者実態調査結果をもとに，中国消費者の日本産りんごに対する認識と購買行動を分析し，対中国輸出の課題と展望に言及する（第3節）。第2に，以上で明らかにされる中国りんご消費市場に対して，意識的なマーケティング戦略をもって輸出に取り組んでいる数少ない輸出主体の一つ，片山りんご株式会社（以下，「片山社」と略す）を事例として取り上げ，その取り組みの実態を明らかにする（第4

節)。最後に，本稿を要約しまとめとする。また，補論として青森県農業におけるりんご輸出の位置づけと行政の取組並びに今後の展望についても若干触れることとする。

第2節　日中りんご輸出入の統計分析

1) 日本の対中国りんご輸出の推移

りんごは，わが国農産物輸出品目の代表格の一つである。表3-1によれば，近年の日本の農産物の輸出額は全体的に増大傾向にある[1]。なかでもりんごの輸出額は2009年で54億2,000万円であり，果実の64.4%を占めている。

りんごの仕向先は，主として広義の中国(中国，台湾，香港)である(表3-2)。2001年12月11日に中国が，2002年1月1日に台湾が相次いでWTO加入を果たしたことをきっかけに，まず台湾向けの輸出量が急増した。2008年のりんご輸出量2万5,164tのうち，台湾向けは2万3,356tと92.8%を占めている。また，台湾に次いで輸出量が多いのは，香港(1,010t)，中国(189t)であり，あわせて1,199tである[2]。最近では台湾向け輸出量が2008年をピークに頭打ち傾向にある一方，香港・中国向け輸出量は大きく伸びている。

表3-1　主な農産物の輸出額

(単位：億円)

年		2002	2003	2004	2005	2006	2007	2008	2009
米(援助米除く)		2.2	1.9	2.3	3.2	4.3	5.3	6.4	5.4
野菜(生鮮・冷蔵・乾燥)		29.9	23.5	22.4	26.2	35.1	38.2	39.5	30.6
果実(生鮮・乾燥)		46.1	62.2	48.1	77.6	79.7	113.2	106.2	84.2
	りんご	26.6	42.7	29.3	53.5	57.0	79.9	73.8	54.2
	なし	7.6	6.2	6.8	8.0	5.3	9.3	6.7	6.8
	うんしゅうみかん	5.3	5.3	5.1	5.1	3.7	5.8	4.7	3.6
	桃(ネクタリン含む)	3.0	2.0	2.3	4.3	3.6	4.6	5.0	4.6
	ぶどう(生鮮)	0.6	0.8	1.1	1.7	3.0	4.1	4.5	4.7
	いちご	0.1	0.2	0.2	0.6	1.0	1.3	2.0	1.6
	柿	1.4	1.2	0.8	1.7	1.5	1.5	1.7	1.6

資料：財務省『貿易統計』。
注：FOB価格ベースの数値。

第3章 農業法人主導による果実の輸出システム

表3-2 輸出先別りんご輸出量

(単位:t)

年	2001	2002	2003	2004	2005	2006	2007	2008	2009
台湾	1,520	9,425	16,116	9,458	16,379	17,869	24,362	23,356	19,140
香港	223	332	258	192	250	312	506	718	1,010
中国				40	132	156	326	390	189
タイ	139	225	215	182	183	202	248	306	307
シンガポール	67	82	18	47	31	53	68	85	65
インドネシア	52	53	79	46	35	64	57	82	74
ロシア			2	19	3	6	52	69	22
アメリカ	45	46	59	62	55	61	61	61	55
その他	128	48	44	43	30	39	47	97	70
計	2,174	10,211	16,791	10,089	17,098	18,762	25,727	25,164	20,932

資料:財務省『貿易統計』。

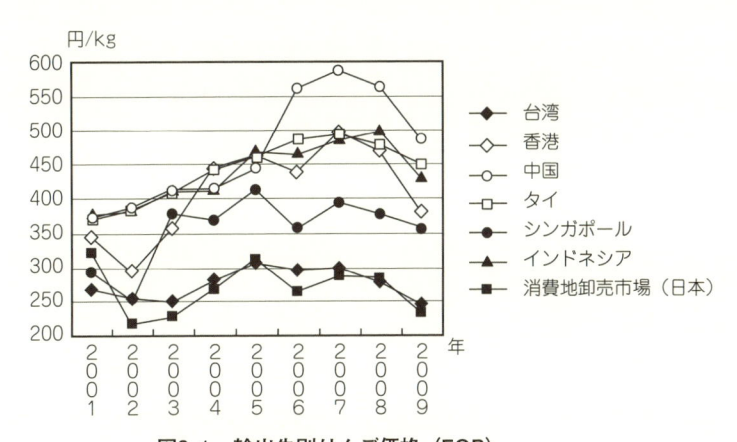

図3-1 輸出先別りんご価格（FOB）

資料:財務省『貿易統計』。

　また，ひとつの大きな特徴として指摘すべきは，中国向けりんごの価格（FOB）が，500～600円/kg付近で推移しており，他国市場と比較して際立って高いことである（図3-1）。それに対して，台湾向けりんごの価格は250～300円/kgの範囲で，日本国内の卸売市場価格と連動しつつほぼ同水準で推移し，また中国産の2分の1程度の価格となっている。

39

2）中国における果実消費の動向

(1) 輸入果実の高価格化

　近年の中国では購買力が上昇しているが[3]，それと共に高価格な輸入農産物への需要が高まっている。表3-3によれば，中国の果実輸入量・輸入額ともに増加傾向にあり，高価格化も進展している。2001年から2007年にかけた輸入量の伸び率38.9％に対して，輸入額の伸び率は126.2％と上回っており，2007年の輸入果実の価格は，対2001年比62.9％上昇している。その一方りんごでは，輸入量は増減を繰り返しており，およそ3万t前後で推移している。しかしながら，輸入額は大きく伸びており，2007年は対2001年比194.7％となった。2007年の輸入りんご価格は対2001年比123.2％に達している。中国輸入果実市場では，市場拡大と高価格化が進んでおり，とりわけりんごの高価格化が顕著であるといえる。

表3-3　中国の果実・りんご輸入状況

	年	2001 A	2002	2003	2004	2005	2006	2007 B	B／A (％)
果実	輸入量（万t）	98.3	101.0	105.7	112.2	116.5	129.7	136.5	38.9
	輸入額（億ドル）	3.67	3.72	4.71	5.95	6.27	6.81	8.30	126.2
	輸入価格（ドル／kg）	0.37	0.37	0.45	0.53	0.54	0.52	0.61	62.9
りんご	輸入量（万t）	2.55	5.60	2.09	3.73	3.32	3.11	3.36	32.0
	輸入額（億ドル）	0.12	0.22	0.16	0.29	0.25	0.25	0.34	194.7
	輸入価格（ドル／kg）	0.46	0.40	0.79	0.79	0.77	0.81	1.02	123.2

資料：『中国農業年鑑』，『海関統計』。

(2) 果実消費の増大と成熟化

　中国消費者の果実消費は年々旺盛になり，かつ所得階層が高いほどより多くの果実を消費している。

　表3-4によれば，中国消費者の年間一人当たり果実消費量は，2001年から2006年にかけて9.3％増加となっている（全所得層平均）。この増加量は，高所得層ほど大きい。

第3章 農業法人主導による果実の輸出システム

表3-4 中国都市住民一人あたりの所得階層別果実消費量

(単位：kg)

	2001年	2006年	01→06 増加量	2007年	2008年
最高所得層	68.3	80.6	12.3	78.9	73.1
高所得層	62.2	75.4	13.2	75.7	68.9
中所得層・上	57.1	69.8	12.7	68.4	63.7
中所得層	52.0	63.4	11.4	62.1	57.3
中所得層・下	46.9	54.8	7.9	53.5	49.2
低所得層	41.2	46.3	5.1	46.3	42.1
最低所得層	33.3	34.8	1.6	36.8	32.9
平均	50.9	60.2	9.3	59.5	54.5

資料：『中国統計年鑑』。
注：所得階層は，調査世帯を所得の高い順に 1：1：2：2：2：1：1 の割合で分類したものである。例えば所得額上位10％の世帯は「最高所得層」に分類される。

なお，2007年，2008年は2年連続で果実消費量が全階層で減少した。この変化が，一時的なものなのか，中国消費者の年間一人当たり果実消費量が頭打ちとなったことを示すものなのか，今後の推移をさらに注意深く見守る必要がある。後者の場合は，中国果実消費市場が成熟期を迎えつつあることを示す，ひとつの指標として理解できる。

3）中国の果実消費市場の変化と日本産りんご輸出

中国果実消費市場では，輸入果実に対する需要が拡大してきている。それはより高価格な輸入果実の需要増大として展開している。中でも輸入りんごの高価格化傾向は顕著である。また，果実に対する消費意欲は高所得層ほど強い。このことと符合するように，日本における対中国りんご輸出は，年々高価格化の傾向を強くしてきている。こうした中国における果実消費の構造変化は，高品質・高価格な日本産りんごの市場進出にとって好条件といえよう。

さらに中国果実消費市場では，成熟化の兆しも現れつつあった。一般に，製品ライフサイクルにおける成熟期では，マーケティングへの取り組みが最も重要になる[4]。成熟期は，製品がほとんどの消費者にいきわたり，売上高の伸び率は鈍化する。よって，成熟期におけるマーケティング戦略の焦点

はシェアの維持となり，そのための市場細分化，製品差別化の展開が重要になってくる。

そこで次節では，片山社が青島市で実施している販売会における消費者実態調査にもとづき，中国りんご消費者のより詳細な実態を明らかにする。さらに第4節にて，構造変化の進む中国果実消費市場に対するりんご輸出マーケティング戦略の実態を，片山社の取り組みを事例に明らかにしていくこととしよう。

第3節　中国における消費者の日本産りんごに対する認識と購買行動

1）青島市における日本産りんご販売会での消費者実態調査

日本産農産物の中国市場進出の展望を考察するためには，非購入者も含めた一般消費者の認識について知る必要がある。そこで，購入者と非購入者とを問わず，来場者から寄せられた日本産りんごに対する意見や質問を，自由回答形式で可能な限り記録した（以下，「意見集」と略す）。

なお本節で扱う消費者実態調査は，片山社が青島市の百貨店・マイカル（以下，「青島マイカル」と略す）[5]で2007年1月19日～2月20日に行った春節向け日本産りんご販売会（以下，「販売会」と略す）の場を借りて，1月25日～2月20日に行ったものである。さらに，販売会でのりんご購入者12名の協力を得て，中国における高所得者のりんご購入実態についての調査（以下，「アンケート調査」と略す）を実施し，回答を得た。具体的な質問内容は，①販売会での購入実態，②普段のりんごの購入実態，③これまでの外国産りんごの購入実態である[6]。

本節では，意見集およびアンケート調査の結果に基づいて，中国りんご消費者の実態について，明らかにしていくこととしよう。なお，**表3-5**に販売会での品揃えを示した。意見集およびアンケート調査結果での反応は，この品揃えを前にして示されたものである。

第3章　農業法人主導による果実の輸出システム

表3-5　春節向けりんご販売会での品種・サイズ・価格およびアンケート調査回答者への販売数量

品種		大紅栄	世界一	陸奥	陸奥(字入)	金星	ふじ	スターク ジャンボ
2006年 大連 (参考)	サイズ (g)	417~357	455~417	357	—	417~385	—	—
	価格 元/個	180	150	68	—	78	—	—
	価格 元/100g	42.9~50.0	33.3~35.7	18.9	—	18.6~20.5	—	—
2007年 大連・青島	サイズ (g)	500~385	556~417	500~385	417	417~357	417~357	—
	価格 元/個	180	150	88	280	78	68	—
	価格 元/100g	36.0~47.4	26.8~35.7	17.6~23.2	66.7	18.6~21.7	16.2~18.9	—
	販売数量(個) 有効回答結果(11件)	10	11	19(注)	19(注)	39	9	—
	販売数量(個) 無効回答込結果(13件)	20	11	19(注)	19(注)	75	9	—
2008年 大連 (参考)	サイズ (g)	417	417	417	357	357	—	625
	価格 元/個	180	98	88	180	78	—	1800
	価格 元/100g	42.9	23.3	21.0	50.0	21.7	—	285.7

資料：片山社への聞き取り、及び青森県・青森県農林水産物輸出促進協議会「平成17年度対中国農林水産物輸出促進事業報告書」2006年。
注：陸奥19個中4個は字入りである。

2）調査実施地域・青島市の位置づけ

　意見集およびアンケート調査結果の分析に入るまえに，青島市の調査対象地としての位置について，先行研究，現地における若干の経済指標と青島マイカル・JETRO・日系スーパーIへの聞き取りを参考に明らかにしよう。

（1）中国農産物消費市場に関する先行研究と青島市
　日本産農産物の輸出を念頭に，中国消費者の実態を取り上げたものとしては，いくつかの先行研究があるものの[7]，上海・北京について把握されているに過ぎない。その上，現在の日本産農産物の輸出先は上海に集中して，品目も限られていることから，過剰な競争による弊害と販路分散の必要性が指摘されている（日本食品等海外展開委員会［9］，p.19）。つまり，中国での販路拡大と，それに伴う新市場の把握が新たな課題となっているのである。
　以上のような背景を考慮に入れ，日本産りんごの販売地域が中国主要都市とその周辺まで拡大しつつある中でその進出時期が最も新しい青島市を調査対象地域とした。

（2）中国における青島市の経済的地位
　青島市のある山東省の可処分所得は全国平均を上回っているが，大消費地である上海・北京と比べると低水準である（表3-6）。その上，全国平均に比べ消費性向が際立って低く，エンゲル係数も比較的低い。JETRO等への聞き取りによれば，青島市では自動車等高額な耐久消費財購入，不動産投資への意欲が高いため，貯蓄に対する意欲も高い。また中国における一般的な認識として，山東省の人々は倹約を好むとされる。その意味で，贅沢品たる高価格の日本産りんごにとって青島は，比較的開拓の難しい地域と考えられる。それだけに，日本産りんご進出の課題をこの青島において明らかにすることは，今後の日本産農産物の対中国市場進出を展望する際の一つの鍵となりうるものであろう。

第3章　農業法人主導による果実の輸出システム

表3-6　2006年の中国都市住民一人当たりの家計主要指標

(単位:元・%)

		全国	上海市	北京市	山東省	遼寧省
可処分所得		11,759	20,668	19,978	12,192	10,370
消費性向		74.0	71.4	74.2	69.5	77.0
エンゲル係数		35.8	35.6	30.8	32.0	38.8
支出額	食品	3,112	5,249	4,561	2,712	3,102
	乾燥・生鮮果実	204	307	360	213	281

資料：『中国統計年鑑』。
注：いずれの数値も1年あたりの値である。

(3) アンケート調査対象者の所得層

青島中心市街地の大型小売店は，その顧客の所得水準の高い順に，世界的な高級ブランド店をテナントとして擁する高級百貨店群，外資系スーパー群，中国資本スーパー群に大別できる（**表3-7**）。この中で青島マイカルは，高級と外資系の中間に位置する。

外資系スーパー群の中でも，「高級イメージ」（JETRO青島事務所資料による表現）ですみわけを図り，成功しているとされる日系スーパーIによれば，その顧客の50%は月収1,000元以上2,500元未満，20%は2,500元以上5,000元未満，10%は5,000元以上となっている。山東省の都市住民一人当たり可処分所得（**表3-6**）を1ヶ月当たりに換算すると1,016元であるから，ほとんどの

表3-7　各店舗の客層の所得水準

所得水準・価格帯	類型	大連市	青島市
高 ↑ ↓ 低	高級百貨店	友誼商城	陽光百貨
		大連マイカル	青島マイカル
	外資系スーパー 中国資本スーパー	ウォルマート カルフール 大連商場	ジャスコ カルフール
		その他スーパー，自由市場など	

資料：青島マイカルおよび大連のりんご輸入商社への聞き取り調査に基づき筆者作成。

顧客が中所得層以上で占められていることになる。それに比してマイカルは，外資系スーパー群よりも高価格帯の品揃えとし，30歳代前後の中所得層から最高所得層を中心的なターゲットとしている。よってその顧客の所得水準も，日系スーパーIよりも高所得層側に重心を置いているものと考えられる。また，日系スーパーIによれば，日本産りんごを購入可能な所得階層として，月収5,000元以上の顧客層がターゲットとされている。よって，意見集の回答者は中所得層以上，アンケート調査回答者は平均月収5,000元以上層を中心に分布しているものと考えられる。

3）意見集から見た中国一般消費者の日本産りんごに対する認識

　意見集は，来場者から寄せられた意見，170名分を収集したものだが，それらを内容別に分類・集計した**表3-8**をもとに，中国消費者の日本産りんごに対する認識を分析していくこととしよう。

（1）品質に対する評価

　品質に関するものが25.9％と最も多く，うち，肯定的な評価が否定的な評価を上回った。その多くが大きさや色など，外観を評価するものであった。さらに，肯定的な意味で「プラスチック製の作り物のようだ」という趣旨の意見（2.4％）もあり，外観が消費者に強い印象を与えていることが分かる。

　否定的な評価は主に，水分量の不足やアルコール臭の発生等，鮮度低下を指摘するものであった。

（2）価格に対する反応

　価格に関しては，24.7％と品質に並んで多くの意見があったが，その大半が「高すぎる」等，端的に高価格を指摘するものだった。価格に関するその他の意見も，りんごの日中間の価格差や生産・流通コストを問うもの，価格交渉的な発言，販売会会場とは別に青島マイカルの食品売り場で販売されている日本産りんごとの価格差を指摘するもの等，いずれも高価格に端を発す

第3章 農業法人主導による果実の輸出システム

表3-8 意見集に寄せられた主な意見等の分類・集計表

大分類	%	中分類	%	小分類・備考	%
品質	25.9	肯定的	14.1	外観（うち大きさ5.9）	10.0
				漠然とした「良い」	2.9
				その他	1.8
		否定的	7.1	鮮度低下	3.5
				その他	3.5
		その他	8.2	味や特徴を尋ねる等	―
価格	24.7	―	―	端的に価格の高さを指摘	18.2
				その他	7.6
技術	10.0	肯定的	6.5	高品質（色・大きさ等）なりんご生産方法を尋ねる	―
		否定的	2.9	技術の安全性への懸念	―
		その他	0.6	―	―
売れ行き	5.9	―	―	売れ行きが悪いのでは？	3.5
				単純に売れ行きを問う	2.4
中国産との比較	4.1	―	―	「中国産と日本産の品質的技術的差はない」等	―
提案	3.5	―	―	販売方法，品揃えへの提案	―
産地偽装	2.9	―	―	―	―
作り物	2.4	―	―	プラスチック等で作られたものではないか	2.4
その他	27.1	―	―	―	―

資料：青島市で実施した聞き取り調査を元に筆者作成。
注：1）複数の項目にまたがる回答，例えば「外形はいいし味もいいが，（高くて）買えない」は大分類の「品質」と「価格」に1件ずつ，さらに「品質」の中分類の「肯定的」に1件，品質・肯定的の小分類の「外観」と「味」（ただし，「味」は少数につき「その他」に含む）に1件ずつカウントした。よって，大・中・小分類それぞれの和は一致しない。
2）パーセンテージの分母は，回答者数の170である。

ると考えられる回答である(8)。また，同じく高価格に端を発すると考えられる反応として，「売れ行きが悪いのではないか？」という趣旨の指摘（3.5%）もある。

（3）技術に対する関心

第3に多かったのは，技術に関するものであった。それも，内容によって肯定的，否定的なものに分類することができる。

肯定的なものは，大玉りんごの生産方法（2.4%）や着色技術（2.4%），文字入りりんごの生産方法（1.2%）について問うもので，主として外観の良

さに関わるものだった。

否定的なものは,遺伝子組換技術（1.2％）や生長素・激素（1.2％）の使用[9],漠然と健康への悪影響を疑う（0.6％）というものであった。販売員によれば,外観の良さ,すなわち中国ではあまり見られないような大きさや色が,むしろ不信感の原因となっている。また,着色技術に関する問いについて上述したが,その意味は着色料の使用の有無を問うものであった。販売員によれば,ここでの着色料についての指摘は,安全性への疑念を含んだものではない。しかし,中国国内では,人体に有害な着色料使用に関する報道もある。今後一層食品の安全性に対する認識が高まれば,着色料使用に対する疑いは販売上のリスクとなりうる。

（4）産地偽装

日本産と中国産とを比較する趣旨の指摘もあったが,主として中国にも同じような高い技術・品質のりんごはあるという意味で,中国産りんごの品質を誇示するものであった。このこと自体なんら不信感を示すものではないが,さらに一歩進んで産地偽装を疑うものが2.9％あった。すなわち,本当に日本産かどうか疑う,あるいは中国産りんごをあたかも日本産のごとく表示・販売しているのではないかとの指摘である[10]。

（5）提案

販売方法に対する提案もあった（2.4％）。その内容は,①購入個数に対応した多様な包装を準備してほしい,②試食りんごをもっと提供してほしい,③文字入りりんごに「寿」を用いれば高齢者が喜ぶ,④中国ならではの意見として,贈答先に価格が伝わらないのでは高価格なりんごを買った意味がないため,贈答用にも関わらずあえて値札を貼り付けるよう求めるものであった。

(6) 複数項目に関わる回答

　来場者の意見の中には複数の項目にまたがる回答もわずかながらあったため，表3-9にその主なものの連関を示した。その特徴は，①外観に肯定的で内部品質に否定的（3件），②品質に肯定的だが価格は高いと感じている（1＋3件），③外観と技術への関心が一体となっている（7件），ということである。

表3-9　意見集のうち複数項目にまたがる回答の連関
（単位：件）

			品質 肯定的	
			外観	良い
品質	否定的	鮮度低下	3	ー
技術		肯定的	7	ー
価格		端的に価格の高さを指摘	1	3

資料：意見集を元に筆者作成。

4）アンケート調査から見た中国高所得者のりんご購買行動

　ここでは，アンケート調査結果をもとに，中国高所得者層のりんごの購買行動を検討したい。表3-10は，当該アンケート調査結果について示している。

(1) 属性

　国籍の分かっている11名はいずれも中国籍で，男女比は半々であった。年齢別に見ると，購入者は主として30・40歳代である。職業は，世帯の観点から見ればそのほとんどが経営者である。

(2) 日常的なりんご購買行動

　第1に購入場所については，「スーパー」がほとんどであった。第2に価格は，最も安いもので1.2元/500ｇ，最も高いものでも5元/500ｇであった。第3に産地は，そのほとんどが「山東」であった。中国最大りんご産地・山東省だけに[11]，基本的に省内産りんごで需要が満たされている。また，「外国」は0件で，高所得者といえども高価格な外国産りんごを日常的に消費し

表3-10 アンケート調査結果

				1	2	3	4
属性	購入者番号(注1)						
	国籍			中国	中国	中国	中国
	性別			男	女	女	男
	年齢			40代	50代	30代	30代
	職業(自由・注2)	本人		企業主	無職	―(注3)	―
		配偶者		無職	会社員	―	―
普段の購買行動	購入場所(選択・注2)			スーパー	スーパー	自由市場	自由市場
	価格(自由)			不一定	1~3	1.2	2
	産地(選択)			山東	山東	陝西	山東
今回の購入内容	購入品種と個数	世界一		2		4	
		大紅栄		2	2	2	
		陸奥		2			
		ふじ		2	1		
		金星		2			2
	購入目的(選択,複数回答可)			自家消費	自家消費		自家消費
				贈答		贈答	
				来客接待			
	購入の際重視する点(上位3位までの順位回答)	味		※(注4)	1位	※	1位
		色		※		※	
		大きさ		※	2位	※	2位
		品種		※		※	
		安全性					3位
		価格					
		包装			3位		
過去の外国産りんご購入実態	過去1年間の購入回数(回答)			何度も	何度も	3	1~3
	直近の購入月(注5)(回答)			12月	不明	12月	10月
	直近の購入月における	購入場所(選択,複数回答可)		スーパー	スーパー×自由市場×(注6)	スーパー	果物専門店
		購入目的(選択,複数回答可)		自家消費	自家消費来客接待	自家消費	自家消費
		支出額(元)(自由)		200	―	60	30
		価格(自由)	元/500g		1.8*(注7)	15	15
			元/1個	20			
		産地(選択)		米国	米国	米国	米国(注8)
		品種(注9)(選択)		レッドグラニー	レッドゴール	レッド	ゴールその他
		評価(5段階)	味	5	5	5	4
			価格	5	4	5	4
			安全性	5	4	5	4
			色	5	5	5	4
			大きさ	4	5	5	4
			包装	3	1	5	4

第3章　農業法人主導による果実の輸出システム

5	6	7(A氏)	8	9	10	11	12
中国	中国	中国	中国	不明	中国	中国	中国
男	女	女	男	不明	男	女	女
40代	40代	40代	30代	不明	40代	40代	60代
商人	－	商人	自営業	商人	－	無職	無職
商人	－	無職	－	商人	－	商人	無職
スーパー	スーパー	スーパー	スーパー	スーパー	スーパー	スーパー	スーパー
					自由市場		
5	－	2	1.8	3～5	3	5	
山東		山東	山東		山東		山東
	－			分からない		分からない	
			4	1			
			4				
5	1		4	2	4(字人)	1	個数不明
1			4			1	
5	1	20		4		1	個数不明
贈答	自家消費	自家消費		自家消費	－	自家消費	自家消費
	贈答		贈答				
1位	1位※	1位		1位※	3位	1位	※
2位		3位	※		2位	2位	※
			※				
		2位		2位※	1位	3位	
3位							※
1	1	0	0	0	0	0	0
6月	1月						
スーパー	スーパー						
自家消費	自家消費						
68	990						
68							
日本	日本						
世界一	世界一						
	陸奥						
	金星						
3	5						
3	4						
3	-						
3	4						
3	5						
3	4						

資料：青島市で実施したアンケート調査もとに筆者作成。

注：1）購入者番号は，「過去1年間の購入回数」および，「今回の購入内容」のうち「購入品種と個数」の値の多い順に付した。
2）「自由」は自由回答，「選択」は選択回答の意。
3）「－」は無回答。
4）「※」は，上位2点のみを回答している例，重点項目をいくつか指摘しているものの順位が不明な例，4点以上回答している例など，選択されているものの無効回答扱いとしたものである。
5）販売員によれば，2007年1月の購入者の購入場所が，今回の販売会であることが分かっている。また，春節ほどではないとはいえ中国でも12月は西暦の年末として祝われるし，またクリスマスもある。2006年は10月に中秋節と重陽節があった。やや時期はずれるものの2006年5月31日は端午説であった。
6）「×」は，直近の購入時期に限定しているにもかかわらず購入場所が2ヶ所となっていることから，無効回答扱いとしたものである。
7）「*」は，記憶違いと思われる。相場に比べ，アメリカ産りんごが1.8元/500ｇは安すぎる。
8）購入者番号4は，産地を「わからない」としているが，品種から米国だと考えられる。
9）「レッド」はレッドデリシャス，「ゴール」はゴールデンデリシャス，「グラニー」はグラニースミス。
10）グレーの部分は本文で特に詳述した箇所である。

ているわけではない。

（3）販売会におけるりんご購買行動

①購入品種と個数

各購入者の購入品種と個数は，全体で88個，1人当たり平均は8個であった（**表3-5，3-10**）。

品種別に見ると，金星の数量が突出しているが，その最大の要因は，A氏によるまとめ買いである。販売員によれば，A氏は，有効回答扱いの調査票回答時，一度に金星を20個購入し，さらにそのあと3回，合計4回にわたってまとめ買いをしている。とくに金星を好み，最も多いときで24個，別の日には12個等，箱単位でまとめ買いを繰り返している。また，A氏は，無効回答票で判明しているだけでも大紅栄を一度に10個購入している。A氏の無効回答も含めて集計すると，金星75，大紅栄20，陸奥19，世界一11，ふじ9，（以下，無効回答込結果）となる（**表3-5**）。

販売員によれば，販売会の開催期間中で最も販売数量の多かったのは金星で，次点は大紅栄であった。逆に最も少なかったのはふじである。世界一と陸奥は特に差異はなかったという。よって，上記2つの集計結果のうち，販売員の証言と最も整合するのは無効回答込の結果であったということができる。

こうした販売数量の多少の要因を知りうる客観的な資料はないが，各品種の特徴について比較しながら考察すると以下のようになろう[12]。

まず，最も販売数量の多かった金星は黄色の果皮が特徴である。今回の品揃えの中では唯一の非赤系で，外観上の特徴が明確である。かつ，価格設定ではふじに次いで安い78元/個で比較的買い求めやすく，まとめ買いを誘発したと考えられる。

次にその他の品種についてである。無効回答込の結果に基づけば，大紅栄・陸奥と，世界一・ふじの販売数量の間には，2倍もの差がある。両者の違い

としていえるのは，前者が中国では非常に希少な品種だということである。

大紅栄は，2005年に登録されたばかりで，青森県弘前市のりんご産地市場・弘前中央青果が専用利用権を設定しており，中国では生産されていない品種である。大きさは世界一に匹敵する大玉（500g前後）で，果皮は紫紅である。また，陸奥も中国での生産量は少なく珍しい品種である。大きさは世界一と同等で，果皮は桃紅色である。

その一方，大玉の世界一は，ほとんどは日本からの輸入品で，中国で最も代表的な日本産りんごである。日本からの輸入品とはいえ，最近では主要都市のみならず，その周辺部のスーパーでも目にするようになった。よって，希少性という点では大紅栄，陸奥には劣る。また，片山社による販売会とは別に，青島マイカルが世界一を独自に販売していたことも，片山社の販売量を少なくする要因として働いたと考えられる。

最後にふじであるが，これは，中国において最も多く生産されており，品種としての珍しさはない。日本の生産技術で栽培された，大きさ，色ともに最高級のふじは，中国国内では入手困難であるが，外観上の特徴がわかりやすい金星，大紅栄，陸奥との比較の中では，特徴が出にくかったと考えられる。

このように，品種によって事情は異なるが，共通していえることは，品種や外観の特徴が明確なもの，いわば差別化の程度が販売個数の多少に少なからず影響を与えたということである。

②外国産りんご購入歴と販売会での購買行動

販売会での購買行動については，購入者の外国産りんご購入歴の有無と関連付けることによって，いくつかの特徴を指摘することができる。

第1に購入目的である。外国産りんご購入歴の有無に関わらず，全体的には主な購入目的は「自家消費」（12件中8件）である。しかし，「贈答」を目的とする購入者5名のうち外国産りんご購入歴があるのは4名と，多く見られた。

第2に，販売会において，購入者が何に重点を置いてりんごを購入したのかについてである。全体の傾向に関して，第1位にあげられたのは「味」であった。第2位としては，「色」，「大きさ」であった。また，外国産りんご購入歴の有無で傾向に違いが見られたのは，「安全性」についてであり，購入歴のない方が，安全性を上位に位置づけている。

(4) 外国産りんごに対する購買行動

①全体的な傾向
　さらに外国産りんごの購入歴がある回答者については，直近の購入時の実態について尋ねた。
　購入場所については，スーパーが大半を占めている。また，購入目的は全回答者が自家消費とし，販売会での購入目的の傾向と一致している。
　直近の購入時期は，2007年1月，2006年12月，同10月，同6月であった。いずれの購入時期も，春節等記念日付近である（**表3-10**の注5を参照）。
　外国産りんごに対する評価は，味に対する評価が最も高く，他の項目に関する評価もおおむね良好だった。ただし，包装についての評価はやや厳しく，最低の評価を下した回答も1件あった。

②購入頻度と購買行動
　外国産りんごの購入歴のある購入者でも，その頻度によって特徴がある。上述のように，アンケートでは直近の購入時の実態を尋ねたに過ぎないが，購入頻度が複数回の購入者は米国産を，1回のみの購入者は日本産を購入していた。

(5) 中国における日本産りんごの購入者像
　以上の結果を踏まえて，青島市における日本産りんごの購入者像を簡単に描いてみよう。

彼らは30・40歳代の経営者で，購入先の多くはスーパーである。普段自家消費用に購入しているりんごは，山東省産で5元/500g以下である。彼らが外国産りんごを欲するのは，春節をはじめとする記念日に限られ，購入目的は自家消費である。産地に関しては，購入頻度が高い場合は米国産，低い場合は日本産となっている(13)。

販売会での購買行動で特徴的だったのは，外国産りんご購入歴がある場合は購入目的が自家消費に加えて贈答となっていた一方，購入歴がない場合は自家消費のみがほとんどであったことである。購入に際し重視する項目については，全体的には味が最重視され，外観がそれに次ぐという結果であったが，購入歴がない場合は安全性が上位に位置づけられている。これらのことから，外国産りんご購入歴がない場合は安全性に対する懸念が，日本産りんごの購入へ一歩踏み出す際の一つの障害となりうること，逆に購入歴がある場合は，すでに安全性に対する一定の信頼感を持っているために贈答をも購入目的として位置づけやすくなっていることが考えられる。

また，「包装」を重点項目として指摘した購入者は全くいなかったものの，実際の購入段階では，包装に関する要望もあった。意見集や販売員によれば，豪華な化粧箱や購入個数に応じた多様な包装を要求する購入者や，適当な包装がなかったために購入を見送った事例も確認されている。

販売会での購入品種を見ると，日常的には中国国内産の廉価なりんごを消費しているだけに，日本産りんごに対しては，品種や外観，食味等の点で差別化された中国では手に入りにくいりんごを求めていると考えられる。

5）日本産農産物の対中国輸出の課題

最後に，より一層の市場拡大を目指す際の課題をまとめ，本節をとじることとしよう。

第1の課題は，市場調査による中国の多様な地域性の把握である。比較的早く日本産りんごが進出した上海・北京と青島とでは，所得水準が大きく異なる上，後者の消費者には倹約志向がある。そして，青島のある山東省は中

国最大のりんご産地である。よって青島は，日本産りんごにとって比較的進出の難しい地域と考えられる。実際に青島における販売会は苦戦を強いられた。一方，同時期に片山社が大連のマイカルで行った販売会は，2006年に続き完売であった。大連のある遼寧省を含む中国東北部の人々の気質は一般的に豪華さを好むとされる。実際，遼寧省は山東省に比べ，可処分所得こそ少ないが食品・果実への支出額は大きく，消費性向にいたっては上海・北京を上回る（表3-6）。さらに大連では，日系企業進出の歴史が長く日本への親しみも強い。こうしたことが，両市の販売結果の背景にあると考えられる。

　第2に日本産りんごへの正しい理解を得ることである。意見集によれば，日本産りんごは品質・技術面，特に外観に対しての評価が高い。他方，このことがむしろ安全性に対する懸念を生んでいる側面もあり，日本産りんごに対する十分な理解がなされていない[14]。特に，外国産りんごの購入歴がない消費者にとって，初めてその購入に踏み出す際，安全性が一つのハードルとなる。外観と技術に対する肯定的な評価が一体となっている傾向も見られることから，外観に対する高い評価を生かす意味で，日本のりんご生産の技術的な積極面をPRして，安全性に対する懸念を払拭する必要がある。また，安全性に関する客観的な認証の付与も有効な手段である。その意味で，ヨーロッパで生まれ，日中双方でも近年注目を集めているGAPの意義が今後一層大きくなるだろう[15]。また，産地偽装の懸念に対しては，輸出の際に発行される各種証明書を売り場で掲示・提示することによって，解決できる[16]。

　第3に，中国消費者の品質に対する評価・関心への対応である。品質面での否定的評価は主として鮮度低下であった。中国での一般的な鮮度管理は不十分な状況にある中でも，高価格な商品だけに鮮度にはことのほか注意を払われているものと考えられ，入念な鮮度管理が求められる。また，購入者は味を最重視している。ふじは今回最も販売数量が少なかったが，食味重視の品種として，日本産の高い技術に裏付けられた良食味をアピールできれば，将来的に品揃えの重要な一角を占めることも考えられる。

　第4に包装である。アンケート結果では，日本産（外国産）りんご購入の

第3章　農業法人主導による果実の輸出システム

最大の目的は自家消費であったが，贈答需要も少なくなかった。また，自家消費といえども，家族のお祝い事に際しては豪華な包装を求めることもありうる。包装の不備がもとで，購入を手控えた消費者が確認されていることや，意見集にあった指摘等を鑑みれば，中国の消費者が求める包装資材を適切に用意する必要があろう。

　第5は，店舗選択についてである。青島市では，青島マイカルより高所得層をターゲットとした高級百貨店群（2軒）もあり，他の店舗選択の余地もあった。ただし，2軒のうち生鮮食料品を扱っているのは1軒のみで，その売場面積は青島マイカルの半分以下である。青島マイカルも，2006年10月に開店して間もなく，テナントの整備等で今後に課題を残しているが，最終的には青島の高級百貨店群の一角として最高所得層をも顧客として取り込むことを目指している。長期的展望にたてば，幅広い客層をターゲットにしていくことを念頭に置いた店舗選択が今後は求められる。

　最後に，価格設定についてである。片山社の販売戦略に基づき，販売会での価格は非常に高いものだった。そのことを指摘する声もまた多く聞かれた。他方，りんご自体の品質に対する評価が高いのもまた事実である。高品質を認めつつも，自己の所得水準を勘案し，「高すぎる」等多くの高価格に対する指摘が出されたと考えられる。アンケート調査によれば，青島において日本産りんごは，一部の高所得者に，記念日という限定的な時期に，普段消費されているものの10倍以上の価格で購入されている。すなわち，日本産りんごは極めて特別な存在として消費されている。そして特別なりんごたりうるように，包装を含めた外観や，それを実現している技術に対し，消費者の関心が向けられている。いわば差別化が求められているのである。りんごの日常的な需要は，低価格の山東省産で満たされているが，それとの棲み分けの意味でも，高品質を前面に出した日本産の差別化は一層重要になる。現段階としては，市場調査，日本産りんごへの理解獲得，包装や鮮度管理の対応によって差別化戦略を補強しながら，今後予想される所得水準の上昇と需要拡大に備えることが求められよう。

第4節　片山社のりんご輸出マーケティング戦略

1）片山社のりんご輸出の展開過程

　片山社は，青森県弘前市でりんご移出業を営む「片山りんご冷蔵庫」の農園部門と海外輸出部門が，2001年に認定農業法人の資格を持つ「片山りんご有限会社」として分離・独立して設立され，のち株式会社化され今日に至っている。基本的な業務は13haの園地でのりんご生産と，販売・輸出である。

　分離・独立のきっかけは，1999年産から取り組んでいたイギリス向けりんご輸出であった。日本市場における1997年産りんごの価格暴落を受け，片山りんご冷蔵庫はりんごの販路をさらに拡大するために，イギリス向け輸出を始めた。イギリスでは，日本のりんご生果市場であれば最下級品に属し，しばしば加工原料にもなる200g以下の小玉で青味がかった王林が高い評価を得る。具体的に農家の手取り額を見ると，日本国内で加工原料として販売した場合は5円/kgであるが，イギリスにりんごを輸出した場合は75円/kgとなる[17]。イギリスへの輸出は，2002年産以降，円高基調による採算の悪化やEUREPGAP（現GLOBALGAP）の認証取得への対応などで中断しているが[18]，直接輸出するためのノウハウとイギリスでの販路獲得という大きな財産を残した。すでに，片山社ではGLOBALGAP認証を取得していることから，為替が円安基調に戻れば，いつでも輸出を再開できる体制を維持しているといえる。

　次に取り組んだのが，中国への直接輸出である。中国へは，2003年産からりんご輸出を開始した。片山社は，中国で形成されつつある高所得者層に照準を当てて，日本産の最高級りんごに対する需要を掘り起こそうとしている。特に，中国の春節は新年を祝う最大の年中行事であり，この時期の贈答用需要は，「芸術品」とも称される日本産高級りんごにとっては最大の販売機会といえる。そこで2006年の春節以降，片山社は中国の小売店の店頭の一角を借りて，春節向けりんご販売会（以下，「販売会」と略す）を実施している。

2006年春節には大連市のマイカル（以下，「大連マイカル」と略す）において，試験的に販売会を行った。2週間の販売期間での完売を受け，さらなる販路拡大のため，2007年は大連マイカルに青島市のマイカルを加え，2店舗で販売会を行うこととなったのである[19]。販売会は，片山社の中国におけるマーケティング戦略を端的に示している。以下，販売会の取り組みを中心に，片山社のマーケティング戦略の実態を明らかにしていくこととしよう。

2）片山社の対中国りんご輸出マーケティング戦略

（1）製品戦略・価格戦略

　片山社の販売会の特徴は，品質と価格が最も高いりんごに限定した品揃えとなっていることである。**表3-5**に，過去3回にわたる販売会で販売された品種とサイズ，価格を示した。重量は，品種によって異なるが，357〜625gで，各品種で最も大きい水準のものが選ばれている[20]。着色も最高のものを厳選している。このようなりんごは，中国産，あるいは他の輸入りんごでは見られないものであり，中国りんご消費市場の中で明確に差別化されたものであるといえる。このことによって，まず片山社のブランドイメージを形成し，順次，購買層の裾野を広げていこうという戦略である。

　そして，価格も極めて高い。中国でのりんご小売価格は，中国産の場合100g当たり0.4〜0.97元である[21]。また，外国産のりんごでは，アメリカ産，チリ産のりんごがよく販売されているが，それらの価格はおよそ4元/100gであり，日本産の主力である「世界一」は1個（およそ400〜500g）60〜100元である[22]。それに対して，販売会で販売されたりんごは，最も低価格な「ふじ」でも16.2元/100g，最も高いものでは「スタークジャンボ」の285.7元/100gである。一般的に言えば，このような高い価格設定は消費拡大にとって大きな障害になると考えられる。しかし，中国消費者の独特な購買行動に注目すると，必ずしも障害にならない。上述のように中国では，贈答品にあえて値札を貼付し，高価格の商品であることを明示することによって，誠意の大きさをアピールする場合があるからだ。すなわち，中国では，

贈答品需要をターゲットにした価格設定は，高価格であるほうが有利な場合もある。

片山社の製品戦略の特徴として，独自のりんご調達先と栽培・出荷基準についても触れる必要がある。

りんご移出業者であるとともにりんご生産者でもある片山社は，2001年，岩木山りんご生産出荷組合を結成し，それ以降，組合員のりんごは片山社が受託販売している[23]。そして中国の販売会で取り扱っているりんごは，主にこの組合員が生産するりんごで占められている[24]。

組合では，減農薬栽培（青森県が定める慣行基準の農薬散布回数の概ね60％～90％），土作りの徹底（ミネラル分や，有用微生物を含む施肥），積極的な無袋栽培技術による食味向上，収穫後の即日入庫による鮮度保持など，独自の栽培・出荷基準を設け，組合として高水準かつ一定の品質を達成・維持する取り組みを重視している。

（2）チャネル戦略

①チャネル選択

片山社のチャネル選択の第1の特徴は，同社の販路選択における中国市場の位置づけ・役割にある。片山社は，自社の園地と，岩木山りんご生産出荷組合から出荷されるりんご，あわせて年間1,000ｔ余りを販売しているが，そのチャネル別販売量の比率の大部分は，生協（50％）と量販店（20.8％）で占められている（表3-11）。

これらのチャネルは，インターネットを通じた販売も含めていずれも産直取引，いわゆる「顔が見える」関係を生かした取引であり，上述したような独自の栽培・出荷基準を基礎とする品質を最大限生かして有利販売につなげようとする片山社の意図がある。しかし，生協や量販店との取引は，いわゆる「売れ筋」のりんごが主な対象となる[20]。一方で，売れ筋ではない200ｇ/個以下の小玉のりんごや，357ｇ/個以上の大玉りんごの販路は限られて

くる。例えば，日本における大玉りんご市場は，出来秋から年内まで，すなわち年末のお歳暮シーズンまでが主たる販売期間である。この限られた期間に大玉りんごの販売を逃した場合，鮮度低下・腐敗等のリスクが増大していくこととなる。大玉りんごは，貯蔵性が低いという商品特性をもっているからである。

表3-11　片山社の販路

販路	%
生協	50.0
量販店	20.8
卸売市場	12.5
加工	8.3
輸出・インターネット等	8.3

資料：片山社への聞取調査による。

　ここで，片山社が中国で販売しているりんごのサイズを改めて見てみると（**表3-5**），いずれも357ｇ/個以上となっており，日本国内市場では売れ筋ではない大玉りんごであることがわかる。また，200ｇ/個以下の小玉については，上述のようにイギリスへの販路を切り拓いている。現状では，輸出は数％を占めるに過ぎないが，日本における売れ筋以外のりんごの販路として，その存在価値は小さくない。

　すなわち，片山社は，売れ筋の販路としての国内市場に加え，日本では最下級品に属する小玉りんごの販路としてイギリスを，贈答用最高級大玉を中国に輸出することによって，さまざまな階級のりんごを無駄なく有利販売できるよう，チャネル選択の最適化を企図しているのである。

　第2の特徴は，小売店舗の選択にある。**表3-7**に，販売会の行われた大連・青島両市の代表的な小売店と，客層の所得水準ないし品揃えの価格帯との相関を示しているが，このうち片山社が販売会を行ったのは，大連市の友誼商城と大連マイカル，青島市の青島マイカルである。

　大連マイカルは，図中の大連商場とあわせて大連市の小売資本・大商集団の店舗である。大商集団にとって大連商場は，事業の中核をなす店舗である。大連商場は幅広い客層を，また大連マイカルは品揃えに高級品も取り入れて高所得者層をも対象とし，棲み分けがなされている[25]。また，青島マイカルは2006年10月に開店し，中国のマイカルの中では歴史が浅いため[26]，テナントの展開など発展途上の部分もあるが，将来的には青島における最高所得層をも顧客として取り込むことを目指している[27]。

一方，友誼商城は，もともと外国人に照準を当てて開業した，大連市随一の高級百貨店である[28]。中国の近年の急速な経済発展のなかで，今日では中国人の高所得者層も利用するようになった。友誼商城は銘柄物だけを扱うという特徴を有しているが，最高級品を厳選する片山社のりんごでこそ，そこでの販売が可能になったといえよう。

このように片山社は，最高級りんごの販路として適性の高い，高所得者層を顧客として取り込んでいる店舗を選択していることがわかる。

②チャネル管理

片山社の輸出事業の特徴のひとつは直接輸出にある。一般的には，産地りんご移出業者や農協は，日本国内の貿易商社を通じて輸出を行う。すなわち間接輸出である。しかし片山社は，日本国内の貿易商社を介さず，貿易実務の一切を自ら実施する。この手法は，小玉の王林をイギリスへ輸出して以来，一貫した同社の方針となっている。直接輸出を行う意義は，中間マージンのカットによる手取りの増加であるが，それだけではない。

初めての対中国輸出は2003年産りんごで，このときは，北京の卸売会社と直接交渉し，中国へ荷揚げ後の税関・検疫から店頭へ並ぶまでの過程に立ち会うなど，念入りに行われた。そして，2006年から続く販売会では，荷受者となる大連市の貿易商社，売場となるマイカルや友誼商城，バックヤードを担う冷蔵業者や運送業者など，流通過程の各段階と直接交渉し，取り扱い上の諸注意を徹底させている。

最高級りんごとして，最高の価格設定で販売するにあたって，特別に配慮している点は，第1に，品質の維持である。片山社は，輸送中の荷痛み，冷蔵の不備による障害発生や鮮度低下などを徹底して排除することに努め，最高級りんごとして最高の価格設定で販売可能になる品質を，流通過程の川上から川下に至る全過程で維持しようとしている。

第2に，これはプロモーション戦略の範疇に関わってくることであるが，販売会の前線に立つ販売員に対する教育である。最高級りんごを生産するに

当たっての技術的な特徴や優位性，流通段階での品質管理の徹底などの片山社の取り組みについて，消費者に説明する能力を高めることが，中国で最高水準の価格帯で販売するうえで不可欠である。

　片山社が，直接輸出を重視し，また独自に流通の川上から川下に至る全過程を開拓しつつ積極的に関わっているその意図は，単に日本産りんごとして消費者にアピールするのではなく，自社のブランドを中国で形成していくことである。そのためには，片山社の戦略を生産から輸出にかかわる流通過程全般にわたって浸透させる必要があり，その意味で直接輸出という形態が重要になるのである。

第5節　日本産農産物の対中国輸出と日本の農業・農産物流通

　ここまで，中国の果実・りんご市場の実態，わが国りんご輸出主体の中国におけるマーケティング戦略の実態について，いずれも中国をフィールドに論じてきた。最後に，日本産農産物の対中国輸出と日本の農業および農産物流通との関わりについて触れておきたい。

　わが国では，政策的支援も背景に，中国の一層の経済発展と解禁品目の増加[29]を見越した輸出への取り組みが始まりつつある。ただし，りんごに限らず他の農産物についても，差別化できることが中国市場進出の大きな条件となろう。

　ところで，産地移出業者や農協はもちろん，生産者も含めて，わが国農産物流通における産地流通主体は，日本の農産物市場における市場細分化と製品差別化を深化させてきた。そもそも農業は，工業とは異なり，一定の規格を定めて計画通りの数量を生産することが困難である。よって，流通段階で大きさや形状，色等によっていくつかの規格を定めて選別し，規格ごとに適した市場セグメントに適切に販売していくことが求められる。こうした農業の特性への対応としての差別化戦略は，生産者にとっては自らの多様な存在可能性を担保するものである。中国市場も，こういった日本の中で展開され

ている生産・販売戦略の延長線上に位置づけられていくだろう。実際，片山社は，チャネル選択をより最適なものにする意味で，中国市場を重視している。

中国市場は，わが国農業に新たな市場セグメントをもたらしている。中国の新たな市場セグメントへの進出は，当然ながら新たなマーケティング戦略の構築を伴わなければならない。片山りんごの取り組みは，新たなマーケティング戦略の端緒を開くものであり，今後の展開が注目される。

補論　青森県農業におけるりんご輸出の位置づけと行政の取り組みならびに展望

青森県の農産品（農産物および加工食品）の輸出額は，2003年の18.4億円から2008年には68.3億円へと3.7倍に伸び，そのうち9割がりんごで占められている（2008年では63.4億円，92.8％）。またりんご輸出額の9割は台湾向けとなっている（2008年で58.4億円，92.1％）[30]。こうした台湾へのりんご輸出量を重量ベースで見ると，青森県産りんご生産量49万3,200ｔのうち2万498ｔ，4.2％を占めるにすぎない[31]。しかしながら青森県内りんご産地商人への聞き取り調査によると，青森県産りんごにとって台湾市場は，四国，あるいは九州地方に匹敵する市場規模に達しており，国内りんご市場における一定の需給調整機能を果たし，価格を下支えするに十分だとされている。

このように台湾向けりんご輸出において一定の成果が上がりつつあった2004年6月，青森県は関係団体と共に[32]，「青森県農林水産物輸出促進協議会」（以下，「協議会」と略す）を立ち上げ，中国本土，とりわけ沿海部の富裕層をターゲットに，りんごをはじめとする第1次産品とその加工品の輸出を拡大することにした。最初の2年間は，上海における商談会と市場調査，上海のバイヤーを青森県に招聘しての産地視察会および商談会，上海・北京における春節需要調査等を実施した。2006年度からは，対象地域をロシア，アメリカ，ヨーロッパへ，翌2007年度からは中東へと順次拡大してきたが，

第3章　農業法人主導による果実の輸出システム

この間一貫して中国へのりんごの輸出促進の取組を継続してきている。

　青森県が，りんご輸出において中国市場を重視してきたことが理解できるが，その背景としては，中国が著しい経済成長期にあり莫大な人口を抱える中で，一定の富裕層が形成されつつあることもさることながら，既に一定の輸出実績を上げている台湾と同様の文化圏にあることが指摘できる。

　1990年代，台湾における輸入割当制のもと輸出量は400ｔに限定され，また関税率が50％と比較的高い中で，青森県産りんごは高価格の高級品を中心に台湾向けに輸出されてきた。この間，中華圏独特の春節需要等に支えられつつ，青森県産りんごはブランドとして定着し，その上で1997年の輸入割当数量の拡大，2002年の台湾のWTO加盟と輸入割当の撤廃および関税率の引き下げ（50％→40％），2003年の関税率引き下げ（40％→20％）といった相次ぐ輸入自由化によって，青森県産りんごの台湾輸出量は拡大した。品種は世界一，陸奥等いわゆる「高級品種」のみならず，つがる，王林，そしてわが国最大の生産品種であるふじ等へと多様化し，階級は大玉のみならず小玉へと，品質幅は外観のよい高等級のみならず障害果や蜜入り等へとそれぞれ拡大した。同時に，価格も大幅に低下し，近年の我が国のりんご輸出価格（FOB）は，我が国消費地卸売市場におけるりんご平均価格と同水準で推移している[33]。

　以上のような，高級品によってブランドを確立した上で輸出を拡大していくという台湾での成功モデルを，中国で再現することが期待されているのである。本章で見てきたような中国向け輸出りんごの高価格や，片山社の取組は，台湾で言う所のブランド確立期に相当する。しかし中国果実市場は未だ成熟化の兆しの段階にあり，現状ではいわゆる「高級品」とされる世界一，陸奥，大紅栄等の輸出を中心とせざるを得ず，中国消費者の関心はふじにまでは向けられていない。特に，文化的には共通する中国と台湾とはいえ，世界最大のりんご生産国たる中国とりんごの純輸入国たる台湾という決定的な違いも存在する。それも，中国で生産されているりんご品種の68.8％はふじで占められている[34]。こうした状況下で，日本産りんごが差別化を実現し

65

ていく可能性を検討すれば，中国ではほとんど生産されていない世界一，陸奥，大紅栄等の品種では容易だが[35]，ふじでは中国産との明確な品質差を実現し，さらにその認識を普及していくことが求められる。ここに，中国が容易に台湾同様の日本産りんごの輸出市場として確立し得ない要因があると考えられる。

その際，上述のような青森県を中心とする協議会の取り組みが重要になってくる。協議会は発足以来，毎年の活動実績を報告書にまとめており，その中で対中国輸出における課題を蓄積してきている。また2010年には，青森県と協議会が協議会発足以来の活動の成果を総括し，今後の課題を提示するべく「青森県農林水産品輸出促進戦略」（以下，「戦略」と略す）を策定し，対中国りんご輸出の課題について次のようにまとめている[36]。

①輸入通関が不安定であり，また商習慣の違いから代金の支払いまでの期間が長い。

②信頼のおける現地パートナーが少なく，また，現状のパートナーは小規模経営のため取引ロットが小さい。

③広大な国土のため，地域（華北，沿岸部，内陸部）毎に嗜好性，流通ルートが異なる。

④知的財産権に対する認識が薄く，模倣品が出回っている。

⑤中国で需要の大きい「世界一」や「陸奥」は，本県において生産量は減少傾向にある。

⑥日本産の「世界一」は，現地ブランドとして認知されつつあるが，「青森産」としてのブランド確立には至っていない。

⑦贈答用以外の需要が少ない。

⑧県産りんごの特性を消費者に説明できる現地マネキンの教育等の育成が不十分である。

以上の諸課題は，協議会発足以来の取組によって明らかとなってきたことであり，青森県が中心となってとりまとめたことにより，県内のりんご輸出

第3章　農業法人主導による果実の輸出システム

関係者の間で共有することが可能となっている。また戦略は，対中国りんご輸出拡大のための今後の取組として，台湾・香港を経由するルート（商流）の開拓を強調している。筆者のこれまでの調査においても，①・②のような中国独特の事情によるりんご輸出の難しさは，りんご輸出関係者の間で度々指摘されてきたことであった。これらの事情に精通した台湾の果実貿易商社を介することによって，よりスムーズな対中国りんご輸出が期待されている。

　いずれにしても，中国果実消費市場が今後さらに成熟の度合いを深めていく中で，日本産りんごが適切に差別化を図っていくことが求められよう。よって，引き続き中国におけるニーズの把握と潜在需要の発掘が求められよう。

　付記：本章は，成田［4］および成田［8］をもとに，大幅に加筆修正したものである。

注
（1）ただし，2008年秋のリーマンショック後の急激な円高によって，2008年，2009年の果実輸出額は落ち込んでいる。
（2）なお，香港向けの日本産りんごの一部が中国に渡っていることは，日中台りんご輸出入関係者の間では常識となっており，日本産りんごの対「中国」輸出の実態は対「香港＋中国」輸出として捉える必要がある。ただし，香港を経由した中国へのりんご輸出は，わが国りんご輸出関係者の意図するものではなく，密輸も含む形でなされている。それだけに，こうした形でのりんご流通の実態解明は困難であり，かつ今後の大きな課題として位置づけておく必要がある。
（3）中国統計年鑑によれば，2000年から2008年の間に，中国都市住民一人当たり可処分所得は6,280元から15,781元へ増加，またエンゲル係数は39.4から37.9へ低下している。
（4）製品ライフサイクルの概念については，フィリップ・コトラー［11］，フィリップ・コトラーほか［12］を参照。
（5）マイカルは，もともとは日本の大手量販店・マイカルの中国進出に伴って，中国の主要都市に店舗展開されたものである。日本のマイカルの破綻を機に，大連市の小売資本である大商集団が中国国内のマイカルの店舗を買収し，今日に至っている。
（6）質問は，販売会会場で販売員（中国人）が対面式で行った。回収数は14件だ

ったが，販売会終了後の販売員への聞き取りの結果，うち3件は同一人物（**表3-10における回答者番号7，以下「A氏」**）による回答であることが判明した。そこで，A氏から回収した調査票のうち，最も古いもの1件を有効回答として扱った。

（7）北海道・東北21世紀構想推進会議［13］では，日本のりんご，日本酒，ホタテ，揚げかまぼこを試食に供しながらのグループインタビューによって，上海の中高所得者層の日本食品に対するイメージや評価を明らかにしている。株式会社旭リサーチセンター他［1］では，グループインタビューや家庭訪問によって，上海の中高所得者層の食生活や日本食品に対する認識について明らかにしている。牧野・羅［14］では，上海の富裕層について，統計資料に基づく食料消費の実態把握とアンケート調査に基づく日本産の米・酒・りんごに関する消費選好の分析を行ったうえで，日本産食品は高額所得者ほど浸透しやすいとしている。財団法人自治体国際化協会［3］では，統計資料をもとに，北京・上海の近年の果実消費内容の高額化を指摘している。

（8）青島マイカルが独自に販売した世界一の価格は68元/個で販売会より安いが，品質は片山社製のほうが上回っている。

（9）ホルモン剤を，中国語で「成長素」「激素」等という。ここでは特に人体に有害なものを指す。

（10）日本食品等海外市場開拓委員会［10］（p.20）でも，「日本産を偽った商品」の存在が指摘されており，中国人の中に産地偽装に対する一定の警戒感があるものと考えられる。

（11）中国農業年鑑によれば，2006年の中国におけるりんご生産量2,606万tのうち山東省の生産量は693万tであり，26.6％を占める。

（12）以下，各品種の特徴については，吉田［15］及び独立行政法人農業・食品産業技術総合研究機構果樹研究所の「果樹品種情報検索システム」を参照した。（http://fruit.naro.affrc.go.jp/kajunoheya/ikuseihinsyu/data/hinsyu/）

（13）中国において米国産りんごの価格は，日本産りんごの3〜4分の1以下で買い求めやすく，また年間を通じて安定的に供給されている。

（14）ただしこの指摘は，必ずしも日本産農産物のみに向けられたものではなく，中国産農産物や食品の安全性に関する最近の報道を受けての，食品全般の安全性に対する懸念を表明していることも考えられる。いずれにしても，消費者が安心して購入できる環境づくりや情報発信が必要である。

（15）GAP（適正農業規範/Good Agricultural Practice）とは，農産物の生産工程において発生しうるリスクを防ぐための管理手法である。その起源は，欧州小売業組合（EUREP/Euro-Retailer Produce working group）によって作成されたEUREPGAPであり，欧州の小売業者は，EUREPGAP認証済みの農産物を限定的に仕入れる取り組みを行っている。そのため，世界各国の園地で欧

第3章　農業法人主導による果実の輸出システム

　　州向け農産物の輸出対策としてGAP認証取得が進んでいる。EUREPGAPは2007年9月にGLOBALGAPに改称された。
(16) 実際に片山社が大連で行った2008年春節向けりんご販売会では，この方法で消費者の疑いを解いた。
(17) 平成20年度東北地域農林水産物等輸出促進協議会総会における片山社代表取締役片山寿伸氏の講演会資料を参照。
(18) イギリス側から，EUREPGAPの取得を取引継続の条件として課されたため，取得までの期間，輸出を止めざるを得なくなった。
(19) 片山社は，秋田―天津港を利用し輸出している。天津を軸として，中国内での輸送距離及び将来的な販路拡大を勘案し，東北部中心に店舗展開するマイカルの青島・大連店での販売となった。
(20) 例えば日本の量販店で販売されているりんごの主力サイズ，いわゆる「売れ筋」は217～313g/個である。
(21) 2006年の「ふじ」の「36大中都市住民食品小売平均価格」を記した（資料は『中国物価年鑑2007』による）。
(22) スーパーや自由市場での相場。
(23) 組合員は結成当時40人あまりであったが，102名まで増加し，りんご受託数量も組合結成当初の2倍以上に増加した。そこで，片山社は，組合員のりんご販売事業を専門的に担うべく，2007年合同会社LLC岩木を設立し，組合員のりんご輸出事業を引き継いだ。
 （http://www.niklog.com/LLCiwakiHP/llciwakiframe.html）
(24) ただし，大紅栄を除く。大紅栄には，りんご産地卸売市場である弘前中央青果（青森県弘前市）が専用利用権を設定している。よって，大紅栄の生産者は，その出荷先を必ず弘前中央青果にしなければならない。片山社では，弘前中央青果に出荷・上場された大紅栄の中でも，良品を厳選して買い付けている。
(25) 大連マイカルについては，大連のりんご輸入商社への聞き取り調査による。
(26) 中国マイカルは，現在，大連に3店舗，青島，ハルピンに1店舗ずつ展開している。
(27) 青島マイカルへの聞き取り調査による。
(28) 友誼商城については，大連のりんご輸入商社への聞き取り調査による。
(29) 株式会社日通総合研究所[2]によれば，日中政府間で米，青果物11品目について協議中とある。うち，米については上述のとおりである。
(30) 以上の数値は，「青森県農林水産品輸出促進戦略」参照（原資料はJETRO青森『青森の貿易』）。
(31) 青森県『平成22年産りんご流通対策要項』参照。数値は2008年産のもの。
(32) 具体的な関係団体とは，以下のとおりである。全国農業協同組合連合会青森県本部，青森県産米需要拡大推進本部，社団法人青森県りんご輸出協会，社

団法人青森県りんご対策協議会，青森県りんご商業協同組合連合会，青森県漁業協同組合連合会，青森県ほたて流通振興協会，社団法人青森県物産協会，日本貿易振興機構（JETRO）青森貿易情報センター，青森港国際化推進協議会，八戸港国際物流拠点化推進協議会，株式会社ファーストインターナショナル，青森県農林水産部。
(33) 以上の台湾向けりんご輸出の展開過程については，成田［5］参照。
(34) 『中国農業年鑑2010』を元に筆者算出。2009年の値。
(35) ただし近年，中国においても世界一の生産に取り組む事例が現れつつあり，いずれ日本産世界一と競合することも考えられる。
(36) ①〜⑧はいずれも『青森県農林水産品輸出促進戦略』p.19からの引用である。また，①〜④については，りんごに限らず他の農林水産品にも共通する課題として提示されている。

参考文献

［1］株式会社旭リサーチセンター他『日本食品の中国進出の可能性　上海・高中所得者層の食生活に関する調査報告』2006年。
［2］株式会社日通総合研究所『我が国の農林水産物・食品輸出マニュアル―中華人民共和国編―』2006年。
［3］財団法人自治体国際化協会「中国の果実市場と日本産果実の対中輸出上の課題」『CLAIR REPORT NUMBER 316』pp.1〜42，2008年。
［4］成田拓未「日本産りんごの対中国輸出の現状―片山りんご株式会社のマーケティング戦略―」愛知大学国際中国学研究センター『ICCS現代中国学ジャーナル』第2巻第1号，pp.115〜124，2010年。
［5］成田拓未「台湾りんご市場と我が国産地流通主体の輸出対応の現段階―青森県りんご産地商人の事例を中心に―」『農業市場研究』第21巻第2号，pp.55〜61，2012年。
［6］成田拓未・神田健策「対中国青森りんご輸出とブランド構築」弘前大学農学生命科学部地域資源経営学講座『青森県農業の展望と課題―「攻めの農林水産業」政策検証事業報告―』pp.169〜177，2008年。
［7］成田拓未・黄孝春「中国山東省青島市の消費者意識―高所得者層のりんご購買行動に関するアンケート調査結果―」黄孝春他『日本と中国のりんご産業における棲み分け戦略に関する基礎的調査研究（科研費報告書）』pp.80〜92，2007年。
［8］成田拓未・黄孝春「日本産農産物の対中国輸出の課題と展望―山東省青島市における日本産りんご販売会での調査結果より―」日本農業市場学会『農業市場研究』第17巻第2号，pp.55〜66，2008年。
［9］日本食品等海外展開委員会『「今後の海外市場開拓事業に関する基本戦略」の

検証―日本食品等海外展開新戦略2006―』2006年。
[10]日本食品等海外市場開拓委員会『日本食品等海外市場開拓委員会提言　今後の海外市場開拓事業に関する基本戦略』2005年。
[11]フィリップ・コトラー『新版　マーケティング原理』ダイヤモンド社，1995年。
[12]フィリップ・コトラー，ゲイリー・アームストロング『コトラーのマーケティング入門　第4版』株式会社ピアソンエデュケーション，1999年。
[13]北海道・東北21世紀構想推進会議『中国上海における中高所得者層の消費実態と日本食品の受容可能性についての調査報告』2005年。
[14]牧野文夫・羅歓鎮「上海における食料品の消費動向・消費者選好」菅沼圭輔編『中国・上海の市場と福島県食品の展望』日本貿易振興機構（ジェトロ）アジア経済研究所・福島県国際経済交流推進協議会，pp.37～61，2005年。
[15]吉田義雄編集『りんご品種大観』，長野県経済事業農業協同組合連合会，1986年。

（成田　拓未）

第4章

県行政および系統農協の連携による野菜輸出の現段階と課題
—青森県産ながいも輸出の事例を中心に—

第1節　はじめに

　周知のとおり，東北地方に立地する県の大半は地場産業の基軸が農林水産業及び関連産業であることが多く，その産業がもたらす影響力は大きいといえる。特に青森県，岩手県，秋田県，山形県の東北4県は，地域内の自給率が100％を超過しており，日本全体の数値が40％前後と過半数を下回る数値で停滞している中では本州有数の農業県と位置づけられよう。その中でも青森県は，農林水産省が公表した2010年の概算値をみると自給率（カロリーベース）が119％という高い水準をあげている。またこの数値は県内で生産された農林水産物を地域外に販売し収益をあげていくことの重要性を示しているともいえる。その一方，近年のわが国では少子高齢化が進む中，内需の縮小が予測されており，農林水産物の販路確保が，農業及び関連産業の持続的発展を行う上で重要な鍵となっている。

　青森県では，2000年代前半から県行政や農協組織が主体となった農産物輸出関連事業が行われており，地域内で生産された農産物の新たな販路確保として期待が高まっているところである。輸出への取り組みが活発な理由は，2000年代以前よりも早い段階から特産果樹であるりんごの輸出を行っており，国内の他県と比較すると農産物輸出についての経験を有している地域といえるためである[1]。

　第1章でも言及した通り，果実輸出に関する研究は，他品目と比較すると

一定程度蓄積しているものの，野菜に関する主要な研究の対象品目は，ながいも，いちご，キャベツと品目が限定されている(2)。その中においてながいもは野菜の中でも輸出額が高額であることが注目を集め，輸出ルートや現地での需要動向，複数産地の連携等について解明されており，先行研究が蓄積されつつある。これらの特徴を整理すると，先行研究は産地の北海道や青森県，長野県の単位農協を中心とした輸出に関する取組に集中した研究が中心である（佐藤他［２］，廣政他［５］）。また農協関連企業や他県の系統農協との連携について分析している研究も存在しているが（下渡［４］)，県等の行政及び県本部等との連携については不明瞭な点が多いといえよう。また，輸出する相手国市場において日本産野菜の産地間販売競争が起きているという新たな事象についても触れられていない。

　そこで本章では，県行政と系統農協による野菜輸出に取り組んでいる青森県産ながいもの事例を中心に野菜輸出事業の今日展開と課題について検討していく。具体的には，以下の３点を中心に分析していくことする。第１に青森県における農産物の輸出戦略を概観し，その中でもながいも輸出の特徴について明らかにすること，第２に日本産ながいもの輸出が本格化したことに伴い，輸出相手国市場において日本国内の産地間競合が発生していること，及び競合が発生した中で系統農協がいかなる対応（事業）を行うのかについて事例調査より分析していく。最後に上述の２点から導き出された点を整理した後，わが国における地方自治体と系統農協との連携及び野菜輸出からみた輸出事業の課題と展開方向についての示唆を整理する。

第２節　青森県における農産物輸出支援事業の実態

１）調査の概要

　本章の作成にあたり筆者は，2010年10月及び12月にゆうき青森農業協同組合営農経済部（以下，「ゆうき青森農協」と略す），同年11月に青森県農林水産部（以下，「青森県」と略す），全国農業協同組合連合会青森県本部やさい

第4章　県行政および系統農協の連携による野菜輸出の現段階と課題

部（以下,「全農青森県本部」と略す）において，管理者及び担当職員を対象としたヒアリング調査を実施した(3)。本章において調査品目をながいもと設定した理由は，前述の通り野菜の中で最も高額な輸出金額を示している品目である点に着目したからである(4)。調査対象地域を青森県と設定した理由は，青森県が国内有数のながいも産地であるからである(5)。さらにゆうき青森農協の取組に焦点をあてた理由は，県内最大産地であるとともに(6)，輸出事業を軌道に乗せ，輸出相手国の転換も行っている点を重視したためである。

2）青森県におけるながいも輸出の概況

本項では青森県産のながいも輸出を概観していこう（本項で示す数値は特段の記載がない限り，2008年の数値である）。

表4-1は，青森県におけるながいも輸出量の推移を示したものである。この表をみると，複数年の輸出実績が存在した国として，アメリカ，台湾，シンガポール，タイ，中国，香港の6ヵ国があげられる。また，2004年以前には台湾への輸出も存在していたが，近年は輸出量のほとんどをアメリカへ輸出していることが理解できる。特に，2004年以降はアメリカへの輸出量が総輸出量の過半数を超えており，2005年以降は90％を超えるなど顕著な動向を示している。なお2000年代中盤から台湾の輸出量が減少し，アメリカへの輸出へシフトした要因に関しては，台湾での青森県と北海道による産地間競争の影響と指摘できるが，その詳細に関しては次節以降の県内の系統農協によるながいも輸出の事例において言及していくこととする。

2008年における青森県産ながいもの輸出量は472ｔであり，そのうちアメリカが452ｔ（95.8％）を占めている。次いで台湾9ｔ（1.9％）であるが，依然として最大輸出相手国との数量の差は著しい。2008年の総輸出量は，前年実績の1,086ｔと比較すると半分以下（43.5％）まで減少している。大幅に輸出量が減少した理由は，青森県へのヒアリングによると，リーマンショックに代表される世界同時不況や円高等が消費動向に影響したことが指摘されて

75

表4-1 青森県におけるながいも輸出量の推移

	全体		台湾		シンガポール		タイ	
	実数	構成比	実数	構成比	実数	構成比	実数	構成比
2003年	174	100.0	110	63.2				
2004年	239	100.0	106	44.4	2	0.8	1	0.4
2005年	414	100.0	21	5.1	0		2	0.5
2006年	868	100.0	89	10.3	1	0.1		
2007年	1,086	100.0	266	24.5			2	0.2
2008年	472	100.0	9	1.9	2	0.4	1	0.2

資料：日本貿易振興機構青森貿易情報センター『青森県の貿易』から作成。
注：1）輸出数量の期間は，1～12月。
　　2）シンガポールの2005年及び香港の2004, 06, 08年の輸出量0（ゼロ）表記は，
　　　　1トン未満の実績を示している。
　　3）その他は，イギリス等EU諸国への輸出量が該当する。

いる。こうした為替などの農業以外の事象も輸出動向に影響を与えることが理解できよう。

　なお，2008年の県内出荷量に占める輸出量の比率は0.9％であるが，この数値は最近3ヵ年の動向と比較しても同様な傾向であり[7]，現時点での輸出規模は萌芽的な段階にあるといえよう。

3）青森県における農産物輸出戦略の現段階

　2006年に青森県は，農林水産部の管轄で実施する事業において県内の農業生産の強みを活かすために販売面を強化することを目的として，部内に総合販売戦略課を新設しており，同課内に海外販路開拓グループを配置するなど輸出事業に積極的な取組を行っていた[8]。県内農産物の輸出事業に関しては，総合販売戦略課と同時期に設立された「青森県農林水産物輸出促進協議会」が主体となり関連事業を行っている。この協議会は，①生産から販売まで各事業主体による多種多様な団体の参画，②輸出相手国でのプロモーション活動の実現，③販売先のニーズの把握と円滑なマッチングの実現，④現地情報の収集など，4つの機能を果たすことを想定されて設置されている。調査時点における協議会の事業費負担は，青森県及び会員が各25％，国が50％であ

第4章 県行政および系統農協の連携による野菜輸出の現段階と課題

(単位:トン,%)

中国		香港		アメリカ		その他	
実数	構成比	実数	構成比	実数	構成比	実数	構成比
14	8.0			50	28.7		
4	1.7	0		126	52.7		
				391	94.4		
		0		778	89.6		
		0		818	75.3		
				452	95.8	8	1.7

った。協議会の会員は農協等生産者団体[9]，企業団体を中心に商社等17の組織で構成されている。ちなみに青森県は，事務局として参画している。

2010年には，県と協議会の連名表記で「青森県農林水産品輸出促進戦略」を策定し，過去の輸出実績に基づいて2013年の目標数値や，輸出促進戦略の対象とする地域や重点品目を定めている。県全体として，2013年目標数値を農林水産物210億円(2008年実績:151億円)とし，そのうち農産物に関しては13年:104億円(08年:68億円)と約1.5倍の増加幅を設定している。

以上の目標数値の推計は，輸出量については2011年の青森県の輸出目標1,000 t から増加傾向を見込んだ推計，輸出金額は目標輸出量に平均単価を乗じて推計したものである。この算定方法に関しては，海外の日本食需要が拡大傾向を示す等のプラス要因のみを反映させた希望的観測という側面が強いという問題点も指摘できる。ただし，裏を返せばそれだけ県行政が，今後も継続して県産農林水産物の輸出に対して積極的な取組を行う姿勢を表しているものとも判断できよう。特に，ながいもについては，輸出量13年:1,150 t (08年:472 t)，輸出金額13年:2億7,140万円(08年:1億1,853万円)としている。

次に，「青森県農林水産品輸出促進戦略」の概要を整理していこう[10]。

第1に重点品目は，りんご，ながいも，ほたてという国内において最大産地の位置にある3品目を選定している。選定理由は前述の国内最大の生産量

に加え，既に輸出実績を蓄積しており，本格的な輸出事業を開始している品目である点が指摘できる。

第2に輸出への取組方法として輸出相手国の市場及び品目の特性を判断し，その特性に適合した戦略の段階的な展開を志向している。輸出の取組を5段階に区分して，「第1段階」は，①輸出意欲のある生産者・事業者等の取り纏め，②輸出対象国における関連制度の把握，「第2段階」は，輸出対象国での需要創出の可能性を調査，「第3段階」はパートナーの開拓による輸出ルートの確立，「第4段階」は第3段階で確立した輸出ルートの輸出規模の拡大，「第5段階」は前述の第1〜4段階の取組により，一定程度の輸出規模を確立させた後に民間ベースへシフトというものであり，県が輸出事業へ関与する範囲を段階ごとに明確化している。

第3に輸出相手国であるが，過去の関連事業による調査結果及び物産展・見本市等でのプロモーション活動を通じて，アジア地域に対象を絞ることによってターゲットを明確化している[11]。アジア地域を重視した主な理由は，①今後の経済成長に伴う富裕層の増加，②欧米等と比較すると検疫上での制約が少ない点，の2点を指摘していた。アジア諸国の中でもとりわけ中国に対しては大きな関心を持っており，上海市を市場開拓の重点地域と位置づけ，輸出先とのマッチングや現地情報の収集を主業務とする輸出コーディネーターという駐在員の設置を計画している。

ながいもの輸出戦略として，最大輸出相手国であるアメリカ向けの輸出を重視している点が特徴としてあげられる。アジアやEUでの輸出可能性について調査・検討を行うとともに，アメリカ在住の日系住民以外へのPR活動を展開することや現状よりも高い規格の輸出等を計画している。ヒアリングによると，調査時点でのPRに関しては県関連事業では日本食や県産品フェア等催事への出展を活発に行っていたが，今後は県の方針として前述の催事を支援する事業規模が縮小する方針であるので，現地での消費動向，即ち現地での消費者層のニーズを踏まえ，知名度の向上や安心・安全を証明する世界的な認証制度の取得等，新たなPRを行えるような取組が必要と思われる。

第4章　県行政および系統農協の連携による野菜輸出の現段階と課題

第3節　産地農協における輸出事業の今日的展開
―青森県内系統農協によるながいも輸出の事例―

1）青森県内の農協におけるながいも輸出の実態―全農青森県本部の事例を中心に―

（1）全農青森県本部によるながいも輸出の目的とその背景

　表4-2は，全農青森県本部におけるながいも取扱量の推移を示したものである。この表をみると2009年の作付面積は1,582haであり，全県面積2,390haの66.2％を占めている[12]。ただし2007年以降の最近3ヵ年は1,600ha弱の規模で推移している。

　2009年の出荷量は293万ケースであり，2003年以来6年ぶりに300万ケース台を下回った。この要因は夏期における日照不足から生育に悪影響を及ぼし，肥大不足のいもが多く存在していた点があげられる。全農青森県本部からのヒアリングによると，最近5ヵ年の青森県内生産量に占める系統出荷数量の

表4-2　青森県系統農協におけるながいも取扱量の推移
（単位：ha，千ケース，円／ケース）

	作付面積	出荷量	販売単価
1997年	1,732	4,139	2,389
1998年	1,839	3,862	2,764
1999年	1,808	3,333	2,528
2000年	1,787	3,653	2,661
2001年	1,722	2,609	4,065
2002年	1,674	2,760	3,280
2003年	1,710	2,551	3,374
2004年	1,747	4,085	1,806
2005年	1,807	3,699	1,703
2006年	1,803	3,658	1,990
2007年	1,568	3,142	2,392
2008年	1,567	3,256	2,339
2009年	1,582	2,930	3,030

資料：ゆうき青森農業協同組合資料から作成。
注：1）1ケースは，10kgに相当する。
　　2）作付面積，出荷量の期間は1～12月。

比率は，概ね50〜60％程度の範囲で推移している[13]。

次に輸出事業の契機やその実態についてみていこう。全農青森県本部によるながいも輸出の目的は，国内市場向けの出荷量が増加した際の価格下落を防止するため，海外へ輸出し流通量を調整することである。ヒアリングによると，豊作時に国内市況での販売価格が低水準で推移すると，生産農家の生産意欲が低下し，次年度の作付面積が減少する可能性が高まり消費地への安定供給が行いにくくなるので，そのような事態を回避するために輸出事業は重要な役割を果たしている。

輸出事業を開始した当初は，台湾でながいもの薬用としての需要が古くから存在している点，台湾国内でも生産が行われているものの栽培技術や土壌の関係で細長いいもが大半であり，日本産の太くて大きないもが希少である点の２つに注目し，台湾への輸出を2001年に開始し，現在に至っている。

表4-3は，全農青森県本部が取り扱っているながいも輸出の推移を示したものである。この表をみると，2002年産以降はアメリカへの輸出が過半数を超え，最大輸出相手国であることが理解できる。ヒアリングによると2009年産の輸出量はアメリカ４万2,611ケース（66.8％），台湾２万1,192ケース（33.2％）であり，前年よりも台湾への輸出が増加している点が読み取れる。輸出増加の要因は，台湾において日本産ながいもの輸出量が最も多い地域である北海道が，生育期の夏期に日照不足の影響を受けたために不作となり，現地（台湾）での販売業者が前年同様の販売量を確保するために不足分を青森県産から購入したことであり，スポット的な需要であると考えられる。要するに現地の市場及び量販店の緊急的措置として青森県産の需要が発生したのである。

全農青森県本部の最大輸出相手国は，当初の台湾からアメリカにシフトしているが，その背景にはながいも輸出相手国市場における複数の日本国内産地による販路確保を巡る競争が影響している。2003年以降，台湾でのながいも需要に着目した帯広かわにし農業協同組合（以下，帯広かわにし農協と略す）を中心とした北海道産ながいもの輸出量が増加し，台湾市場において北

第4章 県行政および系統農協の連携による野菜輸出の現段階と課題

表4-3 全農青森県本部のながいも輸出の推移

(単位:ケース(10kg), 円/ケース, %)

	全体		アメリカ		台湾		輸出平均単価	
	実数	構成比	実数	構成比	実数	構成比	実数	前年比
2001年産	11,925	100.0	0	—	11,925	100.0	4,931	—
2002年産	5,375	100.0	3,125	58.1	2,250	41.9	3,774	76.5
2003年産	11,386	100.0	11,386	100.0	0	0.0	4,073	107.9
2004年産	28,337	100.0	24,803	87.5	3,534	12.5	1,928	47.3
2005年産	49,522	100.0	47,922	96.8	1,600	3.2	1,973	102.3
2006年産	91,021	100.0	63,264	69.5	27,757	30.5	2,144	108.7
2007年産	44,106	100.0	41,486	94.1	2,620	5.9	3,015	140.6
2008年産	29,583	100.0	27,900	94.3	1,683	5.7	2,362	78.3
2009年産	63,803	100.0	42,611	66.8	21,192	33.2	2,471	104.6

資料:全農青森県本部資料から作成。
注:年産の期間は, 11~翌年10月。

海道産と青森産の産地間競争が発生した。競争過程において, 帯広かわにし農協では台湾輸出に係るマーケティング戦略, 特に販売戦略を構築し[14], 台湾のニーズに対応する色や形の出荷を実現した。具体的には, 台湾において需要の高い規格(3L, 4L)の数量確保および消費者のニーズにあった梱包方法(箱の中にエゾマツのおが屑を入れ, 変色防止)の2点を実現する等, 台湾向流通システムの徹底を実現させた効果があげられる。その結果, 青森県産ながいものシェアが奪われ, 全農青森県本部の台湾向け輸出量が減少したのである。

そして現在青森県産ながいもは, 台湾市場から新たな市場としてアメリカへ輸出先をシフトさせることとなった。アメリカへのながいも輸出に関しては, 全農青森県本部は, エンドバイヤーの大半が日系人や駐在員を購買層とした量販店であるため, 国内流通とほぼ同様なケースで行えることを契機としている。具体的には, 台湾と比較すると規格や梱包等へのニーズが高くない点と現時点では台湾の輸出シェアが低いことの2点があげられる。この点は, 全農青森県本部におけるながいも輸出の方針が, 国内価格の安定及び需給調整の役割である点を考慮した輸出であることを踏まえると妥当な判断であったものと考えられる。つまり, 全農青森県本部は北海道産ながいもの様に台湾向け輸出に対して特段の生産・流通管理を徹底して行うことが困難な

状況下にあることを鑑みて，台湾からアメリカへながいも輸出先をシフトさせたと理解できよう。

（2）系統農協によるながいも輸出経路

図4-1は，青森県内の系統農協による輸出用ながいも輸出の流通ルートを図示したものである。生産農家は，11〜12月に収穫し，圃場（生産者）及び選果場（農協）において2度の選果を行い，洗浄後に流通される[15]。圃場

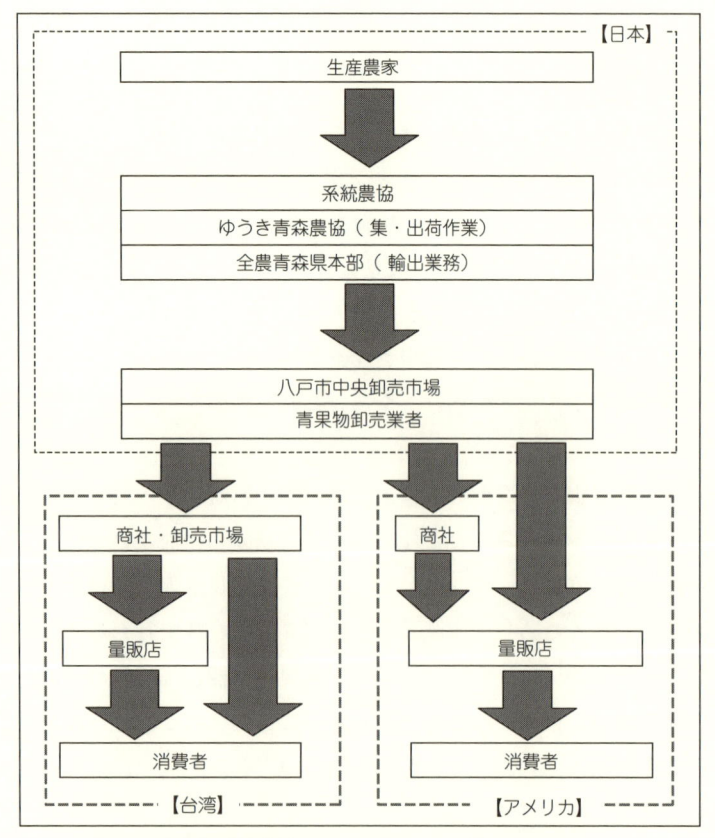

図4-1 青森県系統農協におけるながいも輸出の流通ルート

資料：ヒアリング調査から作成。

第4章　県行政および系統農協の連携による野菜輸出の現段階と課題

から選果場までの輸送は省力化のためにスチールコンテナを利用している。

　輸出においてゆうき青森農協の主管する役割は集出荷業務であり，代金決済等の輸出に係る事務は全農青森県本部が執り行っているが，国外流通に係る業務は卸売業者（福岡県，愛知県に本社が立地する2社）へ委託するケースが主流である。

　アメリカ，台湾を問わず，輸出するながいもの大半は系統農協から出荷した後は八戸市中央卸売市場を経由しており，その後輸出相手国へ流通している。ヒアリングによると，輸出に使用する港湾は横浜港及び東京港等主要港湾を利用する頻度が高い。その理由は便数が多い点及び単一品目でコンテナを満載するのは消費量を鑑みると効率的ではないために，他産地の品目を含む多品目による混載を行うケースが主流であることを考慮しているためである。そのために県内の八戸港に関しては，港湾施設や商社等の経験を考慮すると国内大都市部近隣に立地する港湾を利用する方がメリットを享受する機会が多いために一部の輸出のみに限られている。

　なお，単一品目での輸送の場合は苫小牧から輸出相手国・地域へ直接輸出するケースが多かった。

2）産地農協におけるながいも輸出事業の今日的展開
　　　―ゆうき青森農協の事例―

（1）ゆうき青森県農業協同組合の概要

　ゆうき青森農協は，2010年に東北天間，野辺地町，らくのう青森，倉内地区酪農の4つの農業協同組合が合併して設立された青森県上北郡東部に位置する農業協同組合である。主管する地域は，東北町，七戸町，野辺地町，六ヶ所村の4地域であるが，酪農畜産事業のみ，青森市，弘前市，十和田市，平内町，横浜町を含む広い範囲を対象としている。組合員数は3,931人であり，その内訳は正組合員3,179人（80.1％），准組合員752人（18.9％）であった。農畜産物部門の販売額は総額143億7,000万円であり，農産物84億3,100万円

(58.7％），畜産物59億3,900万円（37.5％）であった。品目別にみると，生乳44億3,300万円（30.8％），ながいも31億5,900万円（22.0％），にんにく13億1,800万円（9.2％），米穀・その他穀類11億8,800万円（8.2％），肥育牛9億2,100万円（6.3％）の占める比率が高い（組合員数及び販売額は2010年4月1日時点の数値）。

　また，地域の主力品目であるながいも生産・流通部門を後押しするために東北町（事業主体）及びゆうき青森農協（管理主体）が中心となり，洗浄・選別能力の向上及び貯蔵施設の拡大を目的に農林水産省「平成19・20年度強い農業づくり交付金」[16]の助成を受け，東北町ながいも洗浄選別・貯蔵施設を設置した。この設備投資は，従来の洗浄選別や貯蔵に係る委託経費を軽減し，円滑な販売・流通システムの構築を図ることを目的としている。その結果，需要に対して適切な供給を行い販売価格を保てるような取組を可能にし，農家収入の底上げに繋がることを想定して建設している[17]。こうしたことから，ゆうき青森農協にとってながいも生産は持続的発展が期待されている重要な品目であることが理解できよう。

（2）ゆうき青森農業協同組合によるながいも輸出事業の実態
　ゆうき青森農協における本格的なながいも輸出は，2005年に全農青森県本部が独立行政法人日本貿易振興機構を通じて，アメリカ及び台湾に立地する商社から買付依頼を受け，取引を行ったことが契機となっている（商社以降は，エンドバイヤーである量販店へ流通している）。

　この依頼をゆうき青森農協が受けた要因として，「国内需要の変化」及び「ながいも出荷規格の特徴」の2点が挙げられる。

　前者（国内需要の変化）に関しては，近年のわが国における食料消費は，「核家族化，少子高齢化の影響という世帯員数の減少に伴う全体的な食料の摂取量が減少傾向」及び「女性の社会進出に伴い家事の省力化を背景とした中食・外食産業の発展」[18]，「食生活の和食から洋食の機会が増加する，食の国際化」[19]等の変化が起きている。そのために現在のわが国の食料消費をみると，

第4章　県行政および系統農協の連携による野菜輸出の現段階と課題

表4-4　青森県内農協におけるながいも品質基準

区分			品質基準
丸形状	A	1	品質固有の形状，色を有すること。
		2	腐敗，変色のないこと。
		3	病害虫・凍害，生理的なくぼみ，傷害（押傷・生理傷）が著しくなく親指で隠れる程度のものが1ヵ所まで。
		4	白く，断面が丸及び楕円形状のもので，曲がりの程度が2cm以内，1ヶ所以内のもの。
		5	軽度な2ヶ所（以内）の曲がりのあるもの。
	B	1	Aに次ぐもので，曲がり程度が2cm以上5cm以内のもの，または2ヶ所曲がりのもの。
		2	コブがいもの半周までのもの。
		3	極端な曲がりは格下げとする。
	C	1	A・B等級に属さないもの（ただし，平いものは含まない）。
		2	生傷，押傷，エグリ傷（1ヶ所）のついたもの。また基本的な形状がA・B品のもので一部が欠損したもの。
		3	コブが輪状に1周したもので押傷が親指で隠れるもの。
		4	丸形状のいもでねじれたもの。
平形状	A	1	腐敗，変質のないもの。
		2	病虫害，凍害，生理的なくぼみ，傷害（押傷・生理傷）が著しくなく親指で隠れる程度のものが1ヵ所まで。
		3	最下部が平坦で，くぼみのないもの。くぼみが1ヶ所で，その深さが2cm以内のもの。
		4	両側の開きが2cm以内で平部の厚さが3cm以上のもの。
		5	曲がりの程度は，2cm以内のもの。
	B	1	Aに次ぐもので，くぼみが2ヶ所以上4ヶ所までのもの。または，くぼみの深さが5cm以内のもの。
		2	開きが両側4cm以内で，平部の厚さが2cm以上のもの。
		3	曲がりの程度は，5cm以内のもの。
		4	ねじれのあるもの。
		5	輪状の溝が1周以内又は半周以内が2本のもの。

資料：全農青森県本部資料より引用。

日本型食生活を支える和食の調理や摂取する機会が減少傾向を示している。特にながいもの様に米飯等と共に消費する機会（とろろ等）が多い食品にとって前述の動向は極めて厳しい状況下におかれていることが理解できる[20]。

後者（ながいも出荷規格の特徴）に関しては，青森県内の系統農協[21]において出荷されるながいもは，全農青森県本部によって公表される「ながいも出荷規格」に基づいて流通されている。この規格は数年ごとに検討されており，調査時点で適用されている規格は，2005年3月に制定されたものである。規格は大別すると品質基準（「表4-4」参照）と等級基準（「表4-5」参照）という2つの要素から構成されている。

85

表4-5 青森県内農協におけるながいもの等級基準

等級	本数	A・B品	1本当たり重量
4L	8本以内	8本以内	1,200g以上
3L	9～10本	9本	1,000～1,200g
2L	11～13本	12本	800～1,000g
L	14～16本	15本	600～800g
M	17～19本	18本	500～600g
S	20～24本	22本	400～500g
2S	—	30本	300～400g

資料：全農青森県本部資料から作成。

品質基準をみると，丸と平の形状別によって基準が設定されており，前者はA・B・Cの3段階，後者はA・Bの2段階に区分される。これら各段階へいもが該当することを決定づける条件として，傷，コブ，溝，曲がり等の程度によって各区分毎に3～5項目の条件が設定されており，その条件に基づいて選別される。

次に等級基準をみると，本数（大きさ）及び重量の2項目で，2S・S・M・L・2L・3L・4Lと7段階に分類している。このような細分化した規格を設定して販売先のニーズに対応する取組を行っているのであるが，前述の日本国内の食料消費形態の変化や1家庭当たり世帯員数の減少に伴い，購入されるながいものサイズも縮小傾向にあるという。ヒアリング調査によると，現在ではカット及び小さなサイズのながいも需要量が大きいため，それらの規格の販売比率を高め，3L及び4Lに代表される国内市場においてニーズが低下しつつある大きなサイズのいも比率を低下させる生産者も現れているとのことである[22]。

輸出取引が開始された当初の相手先はアメリカ，台湾のみであり，また現在においてもこの両国が中心であるが，試験的な販売も含めるとシンガポール，マレーシア，オーストラリア，カナダと欧米・アジア諸国など多様な地域への輸出経験を有していた。

輸出相手国への販売に係る手続等の事務に関しては，一部商社が介在していた流通も存在しているものの，全農を経由した流通の比率が輸出量全体の

第4章　県行政および系統農協の連携による野菜輸出の現段階と課題

大半を占めていた。前節で述べたとおり，全農が取扱う流通では青果物卸売業者が輸出業務を担当している[23]。輸出相手国へ移送後は，アメリカでは，ニューヨーク，ロサンゼルス，シアトル等の大都市に立地する日系人向けの量販店へ販売されている。台湾では市場・量販店の両者へ流通しており，一般消費者向けに販売されている。

こうした輸出ルートが確立したことによって，ゆうき青森農協では，調査時点において毎月2～3回の海外向けの出荷を行っており，年間120t程度で推移している[24]。この輸出数量は，販売量全体の1％程度のシェアである。このことから，ながいも産地の農協にとって輸出事業の規模が限定されたものであり，現時点では輸出事業自体が緒に就いた段階にあることが理解できる。

なお，農協管内における輸出事業に関する問題点として，販路が限定されていることが指摘できる。最大輸出相手国であるアメリカでの販売先は，日系人や現地駐在の日本人という和食需要が存在している地域にスポットをあてている。こうした和食食材の販売は他の国内産地も志向しており，小規模なマーケットを巡って競合するという事態が発生しやすい状況にあるため，新規需要を創出し販路の確保を行う必要性が高い。しかしながら，ながいものねばりやぬめり等に代表される独特の食感は西洋人には受け入れられにくい点，農協独自では料理方法及び刊行物の作成という普及・啓発に係るプロモーション活動を行うことが資金的・人的資源的に不可能である点という2つの理由から新たな輸出相手国を見出すことに苦戦しているのである。

第4節　おわりに

本章では，県行政と系統農協による野菜輸出の現段階と課題について，青森県内の系統農協におけるながいも輸出事業の今日的展開を中心に検討してきた。以下において，本章で明らかとなった点を整理するとともに残された課題を示すと以下の通りである。

第1に青森県における農産物の輸出戦略は，担当部局内に輸出事業を専門に扱うセクションである「総合販売戦略課」，生産者団体や企業団体を中心に運営される「青森県輸出促進協議会」の官民共同の組織が基軸となって推進されている。それら2つの組織によって2010年に「青森県農林水産品輸出戦略」を打ち出すなど積極的な取組を行っていることが理解できる。輸出戦略の中では，輸出品目及び輸出相手国・地域の対象を明確化すること，輸出事業を段階的におこなうアクションプランを策定する等に示されているように輸出事業開始当時よりも事業内容が具体化されつつあり，一定程度の評価をすることができる。しかしながら，その内容をみると，アジアに焦点をあて新たな販路の開拓を行うことを明記しているものの，ながいもに関しては最大輸出相手国であるアメリカへ継続したアピールを行うなど重点品目の中でも事業展開が統一されていない部分も存在している。以前と同様な範囲で日本食対象の物産展等催事への参加に関する事業を実行することが困難な状況下では，PR方法も含めて新たに効率性を求める段階にあると考えられる。特にながいもはその食感が日本食特有な部分も有しているので消費方法をいかに伝達するのかが需要拡大を推進させる重要な鍵である[25]。

　第2に日本産ながいもの輸出動向が本格化したことに伴い，輸出相手国の台湾において日本国内の産地同士による競合が発生し始めている。一般的には日本食及び食材の販路は，富裕層や日系人・日本人駐在員向けの量販店等に固定されており，現時点での輸出規模が限定されているために市場での競合は発生しやすい。最近では複数の国内産地において輸出促進事業が実施されており，輸出への取組を行う事業者も現れていることを鑑みると，各産地による輸出相手国における市場での競合の発生が増加する可能性が高まっているものと予測される。こうした状況下で今回の事例である全農青森県本部は，アメリカという新たな輸出相手国を確保したことにより，輸出事業を継続して行うことが可能となった。今後は輸出を志向する各産地が，輸出相手国の情報収集や新規需要創出のための取組を行う必要性が高まると共に，その成否が販路を確保する上でのポイントになると思われる。

第4章　県行政および系統農協の連携による野菜輸出の現段階と課題

　以上のことから，日本産野菜輸出については現地での産地間競争も発生しており，産地によるマーケティング戦略の必要性が浮き彫りとなった。こうしたなかで今後わが国の野菜産地が野菜輸出に対していかなる進展を示していくのかが，輸出事業の拡大や成熟化に繋がるものと思われるため，今後も継続して調査・分析を行っていきたい。

　［付記］
　本章は，平成22年度財団法人日本生命財団環境問題研究助成（若手研究助成）「輸入農産物依存下のわが国における地域特産物の存立条件と持続的発展に関する実証的研究」（研究代表者：石塚哉史）の成果の一部である。なお，財団法人日本生命財団には助成金を交付いただき，感謝申し上げる。

注
（1）青森県産りんご輸出については，本書第3章（成田）を参照。
（2）下渡［4］，佐藤他［2］，下江［3］，増田他［8］，廣政他［5］を参照。
（3）調査の実施にあたっては，多くの皆様にご協力をいただいた。恐縮ながら以下に紙面を借りて御名前を掲げ感謝申し上げる。津島正春氏，西村達弘氏，徳差裕一郎氏，土橋博氏をはじめ関係機関の方々には，ご多忙にも関わらずヒアリング調査及び産地での視察において多大なご支援いただいた（御名前は五十音順で表記した）。
（4）農林水産省大臣官房国際部［7］によると，2009年（平成21年）の野菜輸出金額24.5億円の内，ながいも等は17.9億円であり，全体の73.1％を占めている。次いでいちご（1.6億円），かんしょ（1.2億円）の品目があげられるが，その格差は大きなものである。こうしたことから，野菜輸出の中でながいもが主力品目であることが理解できる。
（5）農林水産省大臣官房統計部『農林水産統計』は，わが国におけるながいも作付面積（平成21年産）をみると，5,460haであり，青森県2,390ha（43.7％），北海道1,960ha（35.9％），長野県350ha（0.6％）が主産地に該当する。同様に収穫量をみると，13万8,000tであり，主産地をみると，青森県5万9,500t（43.1％），北海道5万9,200t（42.8％），長野県8,650t（6.3％）である。作付面積及び収穫量の両方共に青森県の占めるシェアが最も高い。
（6）農林水産省統計情報部によると，東北町におけるやまのいも（当時のながいもの数値は公表されていない。しかしながら，この区分の数値の大半はなが

89

いもであるため一定程度の傾向を把握することが可能と思われる）の作付面積518ha，収穫量1万4,700 t であり，県内最大の生産規模を誇っている（2005年の数値）。
(7) 2005年：0.6％，2006年：1.4％，2007年：1.7％。
(8) 調査当時の管轄である。なお，2011年より青森県における農林水産物の輸出事業に係る業務は観光国際戦略局国際経済課へ移管された。
(9) 農業関係の生産者団体として，全農青森県本部，青森県産米需要推進本部，津軽地区JAりんご販売協議会，青森県農村工業農業協同組合連合会等があげられる。
(10) 詳細は，青森県・青森県農林水産物輸出促進協議会 [1] を参照されたい。
(11) 2006年から2009年にかけて，中国，台湾，香港，韓国，シンガポール，アメリカ，カナダ，ロシア，ドバイ，EU等において実施している。
(12) 全県面積は，農林水産省大臣官房統計部『農林水産統計』より。
(13) 2005年：57.3％（全農3万6,990 t，青森県6万4,600 t），2006年：58.2％（全農3万6,580 t，青森県6万2,800 t），2007年：49.1％（全農3万1,420 t，青森県6万4,000 t），2008年：55.6％（全農3万2,560 t，青森県5万8,600 t），2009年：55.9％（全農2万9,300 t，青森県5万2,400 t）。
(14) 下渡 [4] は，青森県，北海道共に生産農家を平均すれば3 ha程度であり格差は見受けられないが，大規模なものは青森県5 ha，北海道10～20haと指摘している。このことから，生産農家戸数の少ない北海道の方が，農協等による規格の徹底等の指導が行いやすい状況下にあると理解できる。
(15) 洗浄は市場へ出荷する直前に行うために貯蔵庫で保管する際には土付きの状態である。
(16) 「強い農業づくり交付金」は，農林水産省が農畜産物の高品質化・高付加価値化，低コスト化，新規就農者の育成・確保及び食品流通の合理化等の地域における生産・経営から流通・消費までの対策を事業対象としている。交付金の目的は，前述の対策について総合的な推進を行う事業に対して事業費を交付することである。
(17) 東北町ながいも洗浄選別・貯蔵施設は，建築物延床面積5,965.9㎡の規模に総事業費20億8,170万円（国庫補助率50％）を投資して，洗浄選別・排水処理・洗浄冷却設備の各プラントを1式装備した国内では先進的なながいも専用の施設である。洗浄方法は非接触式シャワー洗浄及び髭根取り仕上げ洗浄を採用しており，処理量は1日（稼働時間6.5時間）当たり48.7 t（7万409本）である。貯蔵能力は原料貯蔵庫1,966 t，製品自動倉庫89 t と2,000 t 強の保管能力を有している。詳細は，向井 [9] を参照。
(18) 時子山等 [6] は，わが国における家族の変化と食生活の関係を①人口構成，②世帯構成，③単身者の食生活，④女性の社会進出から検討している。その

第4章　県行政および系統農協の連携による野菜輸出の現段階と課題

中で共働き世帯は，専業主婦世帯よりも外食や調理品の利用によって食生活を簡便化し，調理時間を節約している点を指摘している。
(19) 安村[10]は，食生活における変化の特徴点として，①国内で生産される食料の摂取が減少し，海外への依存度の高い食料の摂取が増加している点，②農畜産業及び水産業によって生産される生鮮食料品からの直接摂取が少なくなり，加工食品の摂取が多い点，③米飯を中心とした在来型の料理のシェアが低下し，洋食を取り込んだ和洋折衷的な献立が多い点，の3点への変化を指摘している。
(20) 参考となる数値として総務省統計局『家計調査年報―家計収支編―』における「他の根菜」（ながいも，やまといも，いちょういも，くわい，エシャロット，しょうが，わさび，にんにく，かぶ等13品目の合計）消費量（二人以上の世帯）をみると，2008年の消費量は5,641gであり，2005年6,248g，2000年5,867g，1995年6,016g，1990年5,972gと比較すると減少している点が読み取れる。
(21) 全農青森県本部担当者へのヒアリングによると，ゆうき青森，おいらせ，十和田おいらせ，八戸の4農協が主産地である。
(22) 最近では，3L，4Lの大きなサイズのながいもは，カットされて国内の量販店，加工された後に中食・外食産業等へ流通している。
(23) 前述の商社が介在する流通に関しては，青森県に本社が立地する商社と青果物卸売業者を経由している。
(24) ながいも1ケースを10kg換算して推計した。
(25) 日本食やその食材におけるアメリカでの消費者評価に関しては，第7章を参照。

参考文献
［1］青森県・青森県農林水産物輸出促進協議会『青森県農林水産品輸出促進戦略』2010年。
［2］佐藤敦信・石崎和之・大島一二「日本産農産物輸出の展開と課題―長芋の事例を中心に―」日本農業市場学会『農業市場研究』第15巻第1号，pp.71～74，2006年。
［3］下江憲「直販事業を活用した単協主導による農産物輸出」日本農業経済学会『2006年度日本農業経済学会論文集』pp.103～110，2006年。
［4］下渡敏治「ながいもの生産・輸出の現状と今後の輸出動向の課題」独立行政法人農畜産業振興機構『野菜情報』第27号，pp.14～24，2007年。
［5］廣政幸生・浅井輝利「長いも（山薬）輸出のフードシステム―主体間関係，消費，課題―」2010年度東北農業経済学会個別報告資料，2010年8月23日（於：山形大学農学部）。
［6］時子山ひろみ・荏開津典生『フードシステムの経済学（第4版）』医歯薬出版株式会社，2008年。

［7］農林水産省大臣官房国際部『農林水産物等輸出実績（品目別）』農林水産省，2011年。
［8］増田弥栄・大島一二「市場変動と農産物輸出戦略—生産過剰時における台湾向けキャベツ輸出の事例—」日本農業市場学会『農業市場研究』第16巻第1号，pp.85〜89，2007年。
［9］向井徳敦「青森県—とうほく天間農業協同組合（ながいも）—」独立行政法人農畜産業振興機構『野菜情報』第71号，pp.12〜17，2010年。
［10］安村碩之「食生活の変遷と特徴」高橋正郎編『食料経済（第4版）—フードシステムからみた食料問題—』，理工学社，pp.16〜42，2010年。

（石塚　哉史）

第5章

農協主導による冷凍野菜加工事業の現段階と輸出展開

第1節 はじめに

　青果物と異なり，日本の農産物輸出入に占める冷凍野菜の位置づけは過小であるが，特に輸出量は少ない。その一方で，冷凍野菜の中で冷凍枝豆の輸出量・金額に占める割合は1割程度を占めている（**表5-1**）。

　冷凍枝豆そのものは，利用するうえでの簡便性から輸入品の位置づけが非常に高く，現在でもなお圧倒的に輸入量が多い品目であることは周知の事実である。

　しかし近年，日本産冷凍枝豆の生産量・輸出量が増加傾向にあることはまだあまり知られていない。その背景には，日本国内における近年の輸入冷凍野菜全体の安全性に関わる懸念の高まりと，国産冷凍野菜への期待の高まり

表5-1　農産物輸出入における冷凍野菜の位置づけ（2010年）

					輸入	輸出
農産物		（億円）	①	48,281.1	2,864.5
うち冷凍野菜	金額	（億円）	②	1,120.4	2.9
	構成比	（％）	②/①	2.3%	0.1%
	量	（t）	③	831,210.9	763.8
うち枝豆（注）	金額	（億円）	④	109.5	0.3
	構成比	（％）	④/②	9.8%	10.7%
	量	（t）	⑤	66,817.8	104.3
	構成比	（％）	⑤/③	8.0%	13.7%

資料：財務省『貿易統計』より作成。
注：枝豆の輸出金額・輸出数量については単品目での記載がないため，「冷凍野菜-豆-その他のもの」の値を示している。

がある。また、枝豆は「EDAMAME」と標記されるように日本独自の食文化であるが、海外の日本食レストラン等以外にも食材としての注目が高まっている。以上のように冷凍枝豆は、今後に関しては国内ひいては国外での販路展開の可能性が高い品目でもあるとみられる。

そこで本章では、農協が中心となり枝豆の生産から冷凍枝豆の製品化を行っている、北海道中札内村における農産加工事業を取り上げ、その特徴と輸出展開への経緯を整理する。取り上げる事例では、農業生産、加工における付加価値形成を多角的に推し進めており、そのなかで輸出事業は、国内と同様の販路の1つとして位置づけられている点が特徴である。そのため、販路開拓の結果として輸出が行われている。このことは、大手冷凍食品メーカーに比べて販路を持たない一農協が、原料の生産から加工に至るまで一貫して担当し、その製品が海外へも進出するほどの販路開拓を行ってきた努力が垣間見られるものである。

北海道産農産物全般においても輸出拡大といった方向性がみられるが、そのなかでも本事例は特異な存在であり、特に農協加工事業による加工品製造とその販路開拓、輸出に至る経緯に注目してみていく。そこから輸出販路の獲得とその意義、課題を明らかにすることを本章の目的としたい。

第2節　中札内村農協における冷凍枝豆事業の展開過程

1）中札内村農業の特徴

はじめに中札内村農業を巡る状況を概説しておく[1]。中札内村は十勝地域の南西部に位置する、人口約4,000人の村である。2005年時点では農地面積は約7,000ha、農業経営体数は173戸、1戸当たり経営耕地面積にして約38haの、専業経営を中心とした営農が展開している。農協全体の販売金額は、おおよそ100億円程度に達しており、その半分が畜産である。

中札内村では、1970年頃から村を挙げて畜産専業農家と畑作専業農家が連携し、畑作農家から発生する麦わらを乳牛の敷料として畜産農家に供給する

第5章　農協主導による冷凍野菜加工事業の現段階と輸出展開

とともに，畜産農家から発生する糞尿を堆肥として畑作農家に還元する「地域複合システム・循環型農業」を推進している。1985年には全国に先駆けて「有機農業の村」を宣言し，「輪作なくして農業なし」「家畜なくして農業なし」「農薬万能主義からの脱却」等の理念の下に，今日まで実践を積み重ねている。

また中札内村においては，「農民自らが力を結集し自らを守る」という理念のもと，1961年に農民資本による十勝産業株式会社を設立し，その後は鶏卵・鶏肉事業，枝豆事業など，加工事業の積極的な展開がみられる。

中札内村は，十勝地域の他市町村と同様に，小麦，てん菜，馬鈴薯，豆類を中心とした4年輪作体系が確立している。しかしながら，いずれも原料農産物であるため，1980年代後半以降，価格の停滞傾向が続いている。また，農業経営所得安定対策とそれに続く戸別所得補償制度のもと，大規模畑作経営の存続に多大な影響を及ぼしているのである。

こういった状況のなか，十勝地域の各市町村ではそれぞれ，基幹4作物に留まらない振興作物の試行，産地化に取り組んできた。中札内村では，枝豆，サヤインゲンがそれに該当する。畑作4品による輪作体系の中にさらに「枝豆」を導入して，畑輪作体系の合理性や収益性をさらに強化し，一層の畑作経営の安定化をはかろうとするものが枝豆事業である。現在では基幹4品目につぐ第5の作物として位置づけられているが，その展開は一朝一夕には進まなかった。まずその展開過程を概説する。

2）中札内村農協による枝豆生産・冷凍枝豆製造事業の展開過程

（1）導入期

表5-2には，中札内村農協による枝豆生産体制の今日に至る概史を整理した[2]。中札内村における枝豆生産の取り組みは，1983年までさかのぼる。なお，当時は北海道において畑作生産調整を目前とした年にあたる。枝豆生産の取り組みは当初，3戸の若手生産者によって試行された。中札内村農協では，1961年に各種生産物の販社として「十勝産業（株）」を設立し，農産物の加工事業に取り組んでいたが，その十勝産業（株）に委託して冷凍枝豆

95

表5-2 中札内村における枝豆生産体制の展開概史

年	出来事	生産者	生産量	収穫体制
1983年	種子圃場より，枝豆として少量手もぎで収穫 十勝産業農畜産物加工施設で試験製造実施			手もぎ
1984年	手もぎ収穫で冷凍枝豆の製造開始	3戸	約3t	↓
1989年	"枝豆つくろう会"を設立 枝豆品種さっぽろみどり極早生を栽培 帯広市民生協と商品開発，協同購入販売開始	20戸	10t	手持ち式収穫機
1990年	枝豆品種（白熊3号）を栽培 コープさっぽろ・釧路市民生協，協同購入販売開始	↓	20t	↓
1991年	日本生活協同組合連合会関東地域一部試験販売開始 枝豆品種「白熊トップ」「大袖の舞」等試験栽培	30戸	約50t	枝豆ピッカー
1992年	工場新設	48戸	96t	↓
1995年	アーサーリフト収穫機2台導入			アーサーリフト
1996年	アーサーリフト収穫機2台導入	↓ 27戸 （2003年）	↓ 72t	収穫機 ↓
2005年	工場増改築フランス製ハーベスター収穫機購入			大型ハーベスター
2006年	フランス製ハーベスター収穫機1台導入			（フランス）
2007年	アメリカへ初輸出	↓	↓	↓
2009年	工場増改築 フランス製ハーベスター収穫機1台導入	104戸 （2009年）	2,492t	

資料：中札内村農協資料，およびヒアリングにより作成。

の製造を行ったのが最初の取り組みである。翌年，冷凍枝豆の製造を本格的に開始するが，機械化農業が進んだ十勝畑作農業のなかでも手もぎ収穫が必要とされるなど，試行錯誤の状況は続いた。

その後，作付け戸数は増加し，1989年には生産者の自主的な組織として「枝豆つくろう会」を設立し，生産者は20名まで増加した。当時は，収穫機の導入や新品種の導入などの技術確立の結果，帯広市民生協との商品開発により販路を確立した。さらに品種の見直しや収穫機械の見直し，他生協との協同購入の開始などにより，生産量は大きく拡大している。

このように，導入期には技術確立と販路確立に向けた試行錯誤が続けられていた。特に，自然条件による制約がある中で，枝豆の品種特性の見極めを通じた最適な品種の選択と，専用収穫機械がない中での収穫適期が短いことに対応する収穫機械の探索と選定が行われている。また，生協を中心とした安定販路の確立が求められていた。

第5章　農協主導による冷凍野菜加工事業の現段階と輸出展開

（2）設備増強期

　その後，1992年に工場の新設が図られた。その際に冷凍方法の議論がなされ，現在でもなお珍しいとされる，液体窒素を用いた冷凍方式を導入した。市場遠隔地の枝豆産地にとっては，後述する収穫直後の冷凍体制がポイントとなるが，その萌芽はここから始まっている。

　しかしながら，その後相次ぐ冷害の影響などにより生産量が減少し，販売不振に陥ったため業績が悪化する。その結果，1996年に十勝産業（株）が解散することとなり，冷凍加工工場は農協の一事業として継続されることとなった。また同年，生産体制は「枝豆つくろう会」から農協の事業部会へと改組され，その後の生産体制へ舵を切っていくこととなった。

　作付け戸数が減少し，生産・加工組織の再編が図られる中で，生産体制の見直しが進められた。その中で，5年輪作体系の確立に向けた作付け面積の拡大と，それを可能にする機械収穫体系の確立が図られることとなった。その結果，20ha台にまで落ち込んだ作付け面積は40ha台にまで増加した。しかしながら，加工部門は不採算部門として事業が継続されることとなり，2004年までは年間1,000〜2,000万円程度の持ち出しが続く状態となっていた。

（3）生産体制確立期

　その後，転機が訪れたのは2003年以降である。輸入農産物の残留農薬問題の発生により，国内産農産物・食品の需要が高まる中で，冷凍枝豆についても，国内量販店や居酒屋チェーン，学校給食事業者等よりの引き合いが強まることとなった。そのため，好機と捉えた農協は再び生産拡大を模索する。特に，現地視察まで赴き決定されたフランス製の高性能ハーベスターの導入と，工場の増設が大きな転機となった。その結果，2009年には578haまで作付け面積を拡大することとなり，現在の生産規模に至ることとなった。

　この中でも，近年立て続けに行った大型工場の新設には，合わせて30億円程度の資本投下を行っている。生産が伸びず農協の不採算部門として継続していた中での大規模投資には組合員の反発も大きかったが，販路開拓という

表5-3 中札内村における枝豆生産実績の推移

	作付け面積 (ha)	反収 (kg)	生産量 (kg)	庭先単価		生産額 (千円)
				大袖の舞 (円/kg)	イワイクロ (円/kg)	
1992年	23.1	416.0	96,096	260		24,985
1993年	31.0	18.7	5,797	260		1,507
1994年	35.9	785.5	281,995	260		73,319
1995年	31.5	480.0	151,200	200		30,240
1996年	22.0	300.0	66,000	200		13,200
1997年	35.0	568.0	198,686	200		39,737
1998年	41.9	515.7	216,078	200		43,216
1999年	43.0	578.5	248,755	200		49,751
2000年	42.6	625.6	266,631	200		53,326
2001年	30.0	369.0	110,700	180		19,926
2002年	41.8	615.8	257,404	180	220	47,295
2003年	44.4	162.5	72,138	180	220	15,777
2004年	50.6	538.8	272,633	180	220	50,846
2005年	137.1	639.5	876,755	180	220	167,109
2006年	217.6	582.7	1,268,136	180	220	244,083
2007年	254.6	445.4	1,133,856	180	220	208,606
2008年	352.0	534.6	1,881,784	180	220	341,578
2009年	577.6	431.5	2,492,139	185	225	470,611
2010年	813.9	531.2	4,323,692	185	230	844,491

資料：中札内村農協資料より作成。
注：1）2010年の生産額は，農家支払い額（税，補償金を含む）のため，参考値である。
2）主力品種は「大袖の舞」であるが，2002年以降黒大豆も生産品種に加えた。そのため，全て両品種を加えた合計値を示した。

結果を示すことにより，組合員の合意を取り付けてきた。組合長の理念とリーダーシップが伺える点でもある。

表5-3に，現在のスタイルの原型となった，液体窒素による冷凍技術導入（1992年）以降の枝豆生産実績の推移を示した。特に2005年以降の作付け面積の拡大に伴い，生産量は飛躍的に増加している。ちなみに枝豆品種は，大袖の舞を中心としており，また2002年より黒豆イワイクロも生産を始めた。そのため庭先単価は2種類設定されているが，いずれの品種においても単価が上昇している。これら高単価に加えて，農協買い取り品であることも，生産農家の選好と生産実績の増加に結びついているとみられる[3]。

第5章　農協主導による冷凍野菜加工事業の現段階と輸出展開

3）枝豆用大豆生産・冷凍枝豆製造事業の現段階

（1）加工体制

　現在の中札内農協における，枝豆生産・冷凍枝豆製造事業の組織体制を整理しておく。なお，説明の便宜上，加工体制である受け入れ工場の特徴からまず述べておく。

　図5-1には，加工工場における処理工程のフローチャートを示した。収穫された枝豆は，直後に加工工場へ搬入される。受け入れられた原料は，洗浄・夾雑物が取り除かれた後，スチームされ，－196℃の液体窒素で急速凍結させる。冷凍された原料は20kg単位のコンテナで大型冷凍庫内に保管される。この一連の工程は，圃場で収穫後3時間以内に行われることが徹底されている。その後，粒数や色彩選別機等を用いて選別作業を経て，販路に応じた荷姿にパッケージングされて出荷・出荷販売される。

　表5-4に，3度に渡り新設された加工工場の処理能力を示した。直近2009年の施設増設の結果，冷凍工程は1時間当たり約6 t程度の処理能力を有する。繁忙期には24時間体制で荷受け作業から冷凍作業が行われ，その後通年

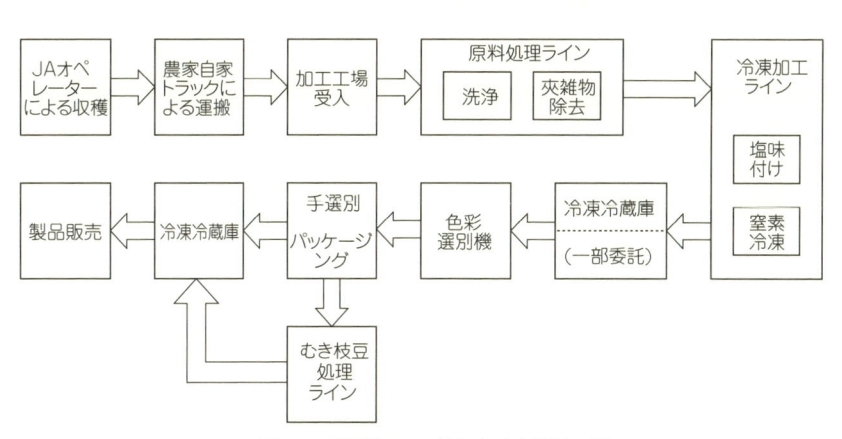

図5-1　枝豆加工工場における処理工程

資料：中札内村農協資料，及びヒアリングより筆者作成。

表5-4 枝豆加工工場の施設概要

設置年			1992年 (平成4)	2005年 (平成17)	2009年 (平成21)
施設面積（㎡）			787.24 (平屋建)	3,048 (平屋建)	5,829 (一部2階建)
選別能力	原料処理 （t/hr）	枝豆	1.4	3.1	6.2
		インゲン	1.0	1.9	3.8
	半製品・冷凍 （t/hr）	枝豆	1.3	3.0	5.9
		インゲン	0.9	1.6	3.2
	手選別 （kg/hr）	枝豆	205.3	580.2	1,160.3
		インゲン	110.4	414.2	828.4
貯蔵能力（t）			100	600	1,600

資料：中札内村農協資料，及びヒアリングより作成。

で選別・商品化の工程を踏むこととなる。その工程では，部会員（生産者）が加工工場の夜間受け入れに出役するといった体制も採られており，枝豆事業の確立へのモチベーションの高さが伺える。いずれにせよ，こういった収穫後の迅速な加工体制を整備することにより，解凍後の鮮度の高さを維持しており，高い実需評価へ結実しているのである。

　また，以上のような体制をとるうえで，農協は農協職員として通年雇用を現在100人程度導入している（2010年6月時点）。主に手選別作業が中心であるため，単純作業が被雇用者の継続性を阻害している面もあるが，人口4,000人程度の小村にとって枝豆関連の被雇用者をこれほど確保している点は，地域経済への貢献が大きいものといえる。

（2）生産体制

　以上のような商品特性と工場の処理能力を勘案して，生産体制も構築されている。中札内村農協では，作物別事業部会制度による部会組織体制が確立している。枝豆事業部会は，前述のとおり冷凍枝豆製造事業が農協事業として再編されると同時期に，事業部会として組織された。図5-2に部会の組織運営機構を示した。組織では，①栽培管理基準，②収穫作業計画，③ハーベスター運行管理，④ハーベスターのオペレーター体制，が決定され，適期作

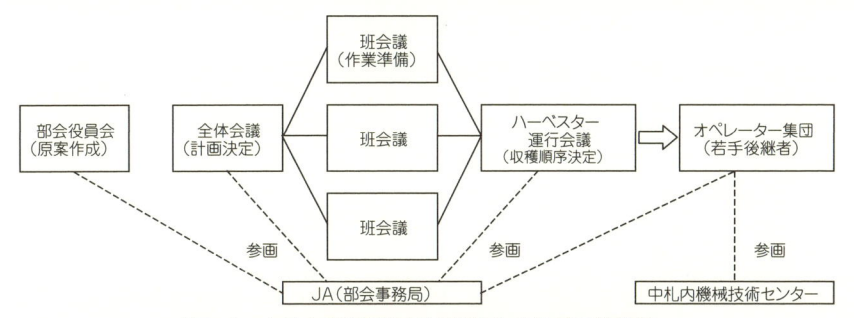

第5章　農協主導による冷凍野菜加工事業の現段階と輸出展開

図5-2　中札内村農協枝豆事業部会の組織運営機構

資料：中札内村農協資料。

表5-5　近隣市町村の枝豆作付け面積

	作付け面積（ha）				生産量
	中札内	川西	更別	合計	（t）
2007年	254.6			254.6	1,133.8
2008年	352.0			352.0	1,881.7
2009年	535.1	32.8	11.2	579.1	2,492.1
2010年	771.1	42.8		813.9	6,861.1

資料：中札内村農協資料より作成。

業が目指される。特に品質を左右するものとして重要となるのは，収穫時期の見極めとハーベスターの運行であるが，班別の組織体制が採られることにより，適期収穫の徹底を図っている。なお専任オペレーターによる収穫体制は，フランス製の大型ハーベスター導入時に，機械の故障リスクを回避するために導入された。そのため，枝豆生産に係わる労働負担は軽減されており，生産者の導入促進要因になったとのことである。その結果が作付け戸数の増加にも現れているのである。

近年では，隣接する帯広かわにし農協の生産者による枝豆の生産も進められている。**表5-5**のとおり，2009年の作付け面積568haのうち，帯広かわにし農協の作付け面積は33haとなっている。その目的は，生産規模拡大は無論のこと，自然条件が若干異なることで収穫期の分散が可能となり，加工施設の操業度の向上を図るためでもある。このように，隣接JAとの連携強化

による産地規模の拡大も同時並行して進めているのである。

　現在，村内農家130戸の畑作農家のうち枝豆生産農家数は107戸であり，作付けしていない農家は20戸程度である。枝豆を作付けしていない農家は，すでにダイコン，キャベツといった複合部門を導入済みの農家が主であるという。しかしながら，他作物の多くが委託販売であるのに対して，枝豆は買い取り品である。単価も前出表5-3のように決められており保証されているため，生産者にとって利点が多い。このように，多面にわたり生産者の農家経済の安定に寄与しているとみられることが，作付け戸数増に現れているのである。

　また2005年以降には，栽培体系の見直し，マニュアル化，特に栽培管理基準の強化と徹底が図られている。また，輪作体系の遵守はもちろんのこと，緑肥作物の額縁栽培，減化学肥料と専用肥料銘柄の利用などもとり決められている。こういった取り組みが製品差別化に反映され，海外も含めた高い実需評価に結実している。

第3節　冷凍枝豆の販路拡大へ向けた農協努力と輸出展開の萌芽

1）国内販路開拓に向けた努力

　ここまでみてきたように，中札内村農協では大規模な施設や収穫機械への投資により，国内でも有数の大規模産地へと成長を遂げている。また当然のことながら，生産量の拡大には販路の確保が必要となるが，中札内農協では商品の販路を拡大するために様々な努力を重ねている。特に前述したように生協を中心とした取引がその端緒となっているが，現在では多様な国内向け販路を有している。

　現在では全体で約250社と取引を行っているが，2010年8月時点の国内取引先上位20位をみると，上から食品商社（卸売）7軒，食品加工業者5軒，農協系統が3軒，生協が2軒，学校給食2軒，市場1軒，となっている。こ

第5章　農協主導による冷凍野菜加工事業の現段階と輸出展開

のうち食品商社は，大手量販店や大手居酒屋チェーンへ販売しているものが多い。また食品加工業者へは，製品であるむき枝豆冷凍品を一次加工品として業者へ提供しているケースも多い。むき枝豆冷凍品は，学校給食での豆ご飯やスープ素材として利用されており，現在，国内27県の学校給食で採用されている。

一方，生協は初期に確立した販路として維持されており，首都圏生協を中心に販路を拡大している。また農協系統は，道内系統店舗での販売やホクレンPB商品の生産への対応といった形態で販路が確立している。特にホクレンへの販売はシェアが大きい。

2）販路開拓に向けた努力と海外輸出への結実

中札内村農協に限らず十勝地域は政府管掌作物がその生産の中心であったため，農協独自の取り組みとしての販路開拓は遅れがちである。そのため，ノウハウの蓄積にも乏しい中で，生産が低迷した時期から一貫して，販路の確保に向けた販促活動には，組合長をはじめとした積極的な販売活動が奏功している部分が多い。中札内村の枝豆事業については，その販売業務を農協販売促進部が担っている。表5-6には，直近4年の商談会等への農協職員の

表5-6　販売先確保に向けた商談会への参加実態

	参加回数	商談会参加				実施場所				
		うち組合長の参加	うちA氏	組合長・A氏以外	不明	道内	道外	うち東京	海外	（国名）
2007年度	22	17	16	4		13	9	5		
2008年度	14	12	10	1	1	11	3	3		
2009年度	20	10	11	4		11	4	1	5	タイ，韓国，ロシア，香港×2
2010年度	19	5	8	8		8	8	4	3	
計	75	44	45	17	1	43	24	13	8	韓国，香港，ドバイ

資料：中札内村農協資料より筆者作成。
注：組合長と並び，A氏の商談会への参加が多いため，参考として示した。

表5-7 主な枝豆加工品と加工企業の所在

	原料の提供形態	加工企業の所在	
		村内	十勝管内
枝豆カレー	むき枝豆		○
ミネストローネ	むき枝豆		○
枝豆そうめん	枝豆ペースト		○
そば	枝豆ペースト		○
枝豆みそ	枝豆用大豆	●	
枝豆アイス	枝豆ペースト		○
豆腐	むき枝豆	○	
焼酎	むき枝豆		
ようかん	むき枝豆	●	
コロッケ	むき枝豆		
納豆	枝豆用大豆	○	
ソフトクリーム	枝豆ペースト		○
アイスクリーム	枝豆ペースト		○
餃子	むき枝豆		○
醤油漬け	むき枝豆	○	
まめくん	むき枝豆		
フリーズドライ	むき枝豆		○

資料：中札内村農協ヒアリングより筆者作成。
注：●は中札内農協内で加工製品化されている。

参加実態を整理した。組合長を中心に積極的に商談会等への売り込みが行われている。特に専任職員のA氏を中心として，北海道内外を問わず行われている。こういった努力が，小規模農協の販路開拓における成功要因となっている。

　また主力商品である冷凍枝豆のみならず，むき枝豆と，それを大手食品加工メーカーに加工委託した枝豆ペーストを用いた派生商品群を多く開発している（**表5-7**）。その多くは組合長の発案によるものが多いが，冷凍枝豆に留まらない大豆加工品を含むブランド形成を推し進めている。さらに，元々の特産部門であった中小家畜畜産物を組み合わせた商品提案も行っている。現在，こういった農商工連携を意識した加工品開発は，延べ20品目程度あるという。

3）販路確保における輸出事業の位置づけ

　以上のような積極的な商談会へのトップセールスなどの成果が，輸出事業へと結びついている。冷凍枝豆の輸出は2007年のアメリカに端を発する。**表5-8**に，主な海外販路の実績について整理した。調査時点においては，計5カ国への販売実績を有している。ただし数量，金額いずれも全体の生産量に占める割合は過小である。なお，最も販売実績があるのはアメリカであり，4年程度の継続した販売実績がある。このアメリカへの輸出経験を活かして，国内外の商談会等に組合長をはじめとした農協職員が出向いたことにより，ロシア，中国（香港），シンガポールと海外の販路を拡げており，2010年にはUAE（ドバイ）への輸出も開始するなど，多様な地域への販路を獲得している。

　近年の日本食ブームは周知の通りだが，枝豆の日本における調理法とその健康効果が認識され，枝豆は国際商品化されつつある。組合長が自ら販売交渉に出向いたロシアでは，競合他国と比較して解凍時の色味が鮮やかである点，同時にその食味が評価され販売につながっている。導入時から一貫した，遠隔産地としての高品質冷凍枝豆製造への取り組みが実を結んでいるのである。

　表5-9には各国との取引の経緯と現状について整理した。過去に販売実績

表5-8　中札内村農協による冷凍枝豆の主な輸出国別輸出量

	生産量(t)	輸出量(t)	アメリカ	ロシア	シンガポール	香港	ドバイ	輸出金額(万円)
2006年	1,268.1							
2007年	1,133.8	1.35	1.35					82.7
2008年	1,881.7	1.59	1.59					108.5
2009年	2,492.1	4.32	0.72	0.10	0.20	3.30		288.7
2010年	6,861.1	-	-	-	-	-	-	-

資料：中札内村農協資料より作成。
注：2010年末の聞き取り時点において，2010年産の輸出実績については不明であった。

表 5-9 主要輸出相手国の概要

国	開始	経緯	仲介組織	所在地	現状	ルート	決済方法
アメリカ	2007年	札幌で行われた商談会	貿易商社	東京	2007年10月より開始、今年で4年目 日系スーパー9店舗で品揃え 300gパック及び、枝豆コロッケとともに販売	横浜港引渡し	円
ロシア	2009年	JETROより勧誘	貿易商社	東京	現在まで計4回の出荷実績 モスクワ大使館日系食品ストア350店舗で品揃え	成田空港引渡し	円
シンガポール	2009年	日系スーパーの催事	食料品小売業	東京	人気があったため、卸元からも継続出荷を期待	横浜港引渡し	円
中国	2009年	香港で行われた催事への出品依頼	貿易商社	香港	2009年2月に初出荷決済の合意ができず、次の出荷を停止中	苫小牧港引渡し	円
UAE	2010年	ドバイで行われたJETRO主催の商談会	貿易商社	東京	2010年6月に第1回目の出荷 ドバイ市内飲食店向けに計4回出荷	羽田空港引渡し	円
韓国	2011年(予定)	海外向けの商談会					

資料:中札内村農協ヒアリングをもとに筆者作成。

がある国においても現在販売を行っていない、もしくは停止しているケース等もあることから、販売の継続性には大きく以下のような課題がみられる。

第1に仲介となる業者の探索である。海外販路の獲得にあたっては、当事国の需要動向を把握する仲介業者なくしては、販売が立ち行かない。特に輸送・通関手続きには、専門性を持つ仲介業者に担ってもらうことで、輸出事業へのハードルを下げることが可能となる。しかしながら、そういった業者とのマッチングひいては出会いに至るまでが、まだまだ機会としては少ないという評価が当事者からは聞かれる。

第2に契約条件である。中札内村農協の販促活動においては、できるだけ国内業者との契約を志向していた。特に海外業者との直接契約においては、円での決済が難しくなるなどの課題も残る。為替変動などのリスクを避けたい点は当然あるにしろ、代金決済におけるトラブルを回避するためにも、基本的に円取引が可能な国内仲介業者との安定的な取引関係を模索している。そのことにより他の国内販路と差のない一取り扱いが可能となる。中札内村農協の場合、現在は日系スーパーや飲食店への販売が中心であるため、そういった問題はほとんど生じておらず、また、生鮮品と異なり催事への出品や

第5章　農協主導による冷凍野菜加工事業の現段階と輸出展開

スポット的な取り扱いが中心であるため，大きな問題は生じていないとみられる。しかしながら，今後新たな海外販路を求める場合には，第1に挙げた仲介業者探索の困難性とあわせ，海外仲介業者との取引契約を円滑に進める仕組みづくりが求められている。

第4節　おわりに

　現在の中札内村農協では農協運営の加工工場の操業度を高めるために，他の冷凍野菜の模索も進めるとともに，自然条件の異なる近隣他市町村と連携して収穫期をずらすなど，生産量の拡大を進めている。さらに，加工工場のHACCP認証取得を進めることにより，更なる品質強化，また，海外販路を含めた信用力を高めるといった，生産量拡大に留まらない取り組みも現在進めている。また，従業員には全て食品衛生管理責任者の資格取得を求めるなど，品質維持への取り組みを徹底している。生産管理面と併せて，そういった取り組みが，海外でも高い評価に結びついているとみられる。

　現在，海外販売向けの商品に対する諸々の流通コスト（包装，シール貼付等）は，農協が負担している。本章で述べてきたが，海外への輸出は結果であり，国内販路と大きな差はない販路の1つではある。しかしながら，このようなボーダーレスな販路にチャレンジしてきた農協の努力は評価される。

　くわえて聞き取りによれば，自らの生産物が海外で食されるというメッセージを生産者に意識させることにより，生産者の自覚と生産意欲を高めており，生産管理体制にもモチベーション向上の効果が現れているという。これによる更なる品質の維持・向上も期待される。

　当地域に留まらず，畑作農業では土地資源の維持による生産，すなわち輪作体系の模索と確立が前提として求められている。特に，当地域の畑作農家にとっては，原料農産物による輪作体系の構築が主たる要であった。その中で，今後中札内村では枝豆を輪作作物として確固たるものとし，安定・継続した土地利用を確立するべく，生産体制の維持を図っている。生産者サイド

に立った場合，こういった経済的なメリットが大きいとみられる新規作物の存在は，一つの選択肢を与えるであろう。

　今後，冷凍枝豆を中心とした中札内枝豆ブランドの国内外の認知を高めていくことが，組合員の農家経済の安定化にも寄与することとなる。冷凍枝豆に留まらない，農商工連携的な商品開発もその一端である。こういった取り組みを有機的に取り組めることこそが，農協加工事業の本懐であろう。ただしその裏には，それら取り組みの屋台骨となっている生産者，組合長，職員等の並々ならぬ努力があるといえる(4)。

注
(1) 中札内村の特徴および歴史的な展開過程については，山本［4］を参照のこと。また村内農業については，村・農協が設置した「北海道畑作経営技術研究所」における研究蓄積が豊富である。その研究内容については七戸監修［1］を参照のこと。
(2) 中札内村農協における冷凍枝豆生産・製造事業は，2009年度に「日本農業賞」特別賞に選出された。関連した事業経緯については，谷［2］及び正木［3］によって取り上げられている。本章は輸出事業が主題であるが，事業経緯についても踏まえる必要があるため，改めて現状を踏まえた整理を行った。
(3) 2005年時点の中札内村農協『農業振興計画』によると，冷凍用枝豆生産は所得率及び時間当たり労働単価において，他の主要作物と比較して高い数値が得られる（**表5-補**）。あくまでも試算値であるが，この点も作付け拡大の要因となっているとみられる。
(4) 本章を執筆するにあたり，中札内村農業協同組合の山本勝博組合長を始めとして，農産物加工施設職員の皆様には大変お世話になった。謝意申し上げる次第である。

参考文献
［1］七戸長生監修『十勝一農村・40年の軌跡』農林統計協会，1998年。
［2］谷英雄「全国農業コンクール優秀事例から地域力で育む枝豆生産―「JA中札内村枝豆事業部会」山本勝博さん（北海道中札内村）」『農業と経済』第76巻第6号，pp.89-94，2010年。
［3］正木卓「あのマチこのムラ地域おこし活躍中（No.55）中札内村の事例」『地域と農業』第75号，北海道地域農業研究所，pp.49-54，2009年。
［4］山本栄一編著『「むらの魅力」の経済学』日本評論社，2009年。

第5章　農協主導による冷凍野菜加工事業の現段階と輸出展開

表5-補　主要農作物別の10a当たり生産指標

		生産量 (kg)	kg当単価 (円)	粗収入計 (円)	経費計 (円)	所得額 (円)	所得率 (%)	10a当労働時間 (hr)	1時間当労働単価 (円)
秋小麦		660	25.0	31,528	54,566	19,962	26.8	2.68	7,449
食用馬鈴薯		2,400	50.0	120,000	71,754	48,255	40.2	12.06	4,001
てん菜		7,000	9.0	107,804	60,974	46,830	43.4	11.44	4,094
豆類	大豆	300	116.7	74,291	42,229	32,062	43.2	3.75	8,550
	小豆	300	266.7	80,000	37,208	42,792	53.5	8.71	4,913
枝豆	大袖の舞	600	180.0	108,000	31,936	76,064	70.4	5.17	14,713
	イワイクロ	500	220.0	110,000	32,679	77,321	70.3	5.17	14,956
スイートコーン		1,500	32.0	48,000	28,367	19,633	40.9	3.80	5,167
にんじん		3,000	70.0	210,000	140,761	69,239	33.0	23.92	2,895
長いも		4,000	200.0	800,000	641,679	158,321	19.8	76.63	2,066

資料：中札内村農協『農業振興計画／農協経営計画』（2005年）より作成。
注：1）金額は，2005年の実績に基づく農協試算値である。
　　2）粗収入には，経営所得安定対策交付金を含む。

（吉仲　怜）

第6章

食品企業主導による緑茶の農産物輸出システム

第1節　本章の課題と背景

　日本では，農産物の輸入が増大し続けている中，「攻めの農政」により積極的な農産物輸出を展開させている。特に日本産農産物の輸出相手先として，中国や台湾などの近隣アジア諸国・地域の比率が上昇している。アジア諸国・地域向けの輸出が増加している要因には，経済発展による富裕層または中間層の増加が考えられる。それにより，高価格でも付加価値の高い日本産農産物の需要がアジア諸国・地域において高まっているのである。しかし，輸出国側である日本の農業に目を向ければ，生産過剰による農産物価格の低迷や輸入農産物との競争によって，農家の所得確保が困難な状況となっている。さらに，近年においては，消費者の食の外部化や簡便化が進んだことにより，輸入農産物の使用比率が高い中食や外食の利用比率が高まり，日本国内における国産農産物需要が低下している傾向がみられる。
　本章で取り上げる緑茶においても同様に，近年，家庭などにおいて急須で淹れて飲む煎茶消費が減少し，ペットボトル入り緑茶の消費が増大している。それにともない，ペットボトル入り緑茶仕向けとしての輸入が拡大する一方，日本産緑茶の需要は低下している傾向にある。こうして，日本の緑茶輸入は1990年代後半から拡大し，2001年には1万7,739tとなっており，2001年には国内供給量のうち約17％を占めるまでに至っている。このような緑茶輸入の拡大により国内の緑茶供給が過剰となり，茶生産の継続を困難とさせている。
　しかしながら，2002年の中国産農産物の残留農薬問題によって，緑茶飲料

原料における日本産回帰の傾向が強まり，輸入緑茶に代替する形で，日本産下級茶の需要が拡大傾向にある。とはいえ，緑茶飲料の需要が増加しても，緑茶飲料の原料茶葉の使用割合は1％であり，その点から緑茶生産全体に与える影響はあまり大きくない。そればかりか緑茶飲料の需要拡大が煎茶需要の低下をもたらしたことによって，いわゆる急須で淹れて飲む煎茶においては減少・停滞傾向に歯止めはかかっていない。こうして緑茶価格が低迷しており，間接的に茶生産農家へ大きな打撃を与えている。

　このような状況にある国内の茶生産において，生産の維持・拡大，及び煎茶需要確保のための新規販売先の創出が課題となり，その対応策として，日本産緑茶の輸出が注目されている。緑茶輸出の動向をみると，1990年代後半の緑茶輸出量は600 t 程度であったが，2009年には輸出量が1,976 t にも増加している。

　このような日本産緑茶輸出の拡大には，海外における日本産農産物の需要が高まっていることが関係している。特に上述したようにアジア諸国・地域における経済発展による富裕層の増加によって，日本産農産物輸出は拡大しており，日本産緑茶輸出もそれに連動した動きを示している。日本の緑茶輸出相手先国の構成に注目すれば，1990年代まで欧米諸国が全体の約90％を占めていたが，2000年代以降は約70％に低下し，それに対してアジア諸国が2005年には約30％をも占めるようになっている（**表6-1参照**）。

　以上の状況を踏まえて，本章では近年，日本産農産物輸出が拡大する中における，日本産緑茶の対外展開を取り上げる。

　まず本章で緑茶を取り上げる要因を述べておこう。戦前から戦後にかけて緑茶は換金作物であるとともに輸出も盛んであったが，その後，1950年代後半より輸出は縮小していく。しかし，1990年代後半以降，緑茶の輸出量が増加しており，かつてとは異なる文脈の中で再度脚光を浴び始めていることに注目したからである。

　第2節では戦前から戦後におけるかつての日本産緑茶輸出の展開過程を検討するとともに，近年の日本産緑茶輸出拡大の要因と特徴を明らかにする。

第6章　食品企業主導による緑茶の農産物輸出システム

表6-1　日本産緑茶輸出量と輸出相手先地域別輸出割合の推移

(単位：t，％)

年	計	輸出相手先地域								その他
		北アメリカ		ヨーロッパ		アジア				割合
								うち台湾		
		輸出量	割合	輸出量	割合	輸出量	割合	輸出量	割合	
		t	％	t	％	t	％	t	％	％
1990	283	198	70.0	53	18.7	15	53	0	0.0	6.0
1995	461	157	34.1	173	37.5	78	16.9	4	0.9	11.5
2000	684	297	43.4	158	23.1	139	20.3	13	1.9	13.2
2001	599	246	41.1	118	19.7	131	21.9	23	3.8	17.5
2002	762	309	40.6	159	20.9	158	20.7	22	2.9	18.2
2003	760	317	41.7	130	17.1	182	23.9	50	6.6	17.5
2004	872	324	37.2	127	14.6	241	27.6	61	7.0	24.5
2005	1,096	427	39.0	188	17.2	328	29.9	84	7.7	21.4
2006	1,576	921	58.4	177	11.2	270	17.1	51	3.2	14.7
2007	1,625	887	54.6	166	10.2	296	18.2	91	5.6	19.1
2008	1,701	938	55.1	235	13.8	162	9.5	73	4.3	21.5
2009	1,958	1,212	61.9	187	9.6	208	10.6	78	4.0	17.9

資料：日本茶業中央会『茶関係資料』各年版より作成。

　第3節以降では，アジア諸国を中心に実際に輸出を行っている日本の製茶企業の事例を分析する。特に，日本における輸出拡大要因と日本産緑茶輸出の展開の2つの側面から考察する。最終的には，輸出相手先における日本産緑茶の販売動向も併せて検討することを通じて，ここ数年におけるアジア諸国・地域への日本産緑茶輸出の拡大傾向が，今後も継続するかどうかに関して，分析していく。

第2節　日本産緑茶輸出の展開

　日本の緑茶輸出は，オランダの東インド会社が1609年に長崎県平戸で営業を開始し，翌1610年に平戸からインドネシアを経由してヨーロッパへ輸出したことが始まりである。明治時代に入り，日本の緑茶は商品化が進み，外貨獲得のための換金作物として，輸出は増加していった。しかし，当時輸出の主導権を握っていたのは，外国商館であったため，日本の商人は品物を調達し売り込むだけであり，輸出で得られる利潤の大半は外国側に占められてい

【居留地経由の輸出：1860年代～1870年代】

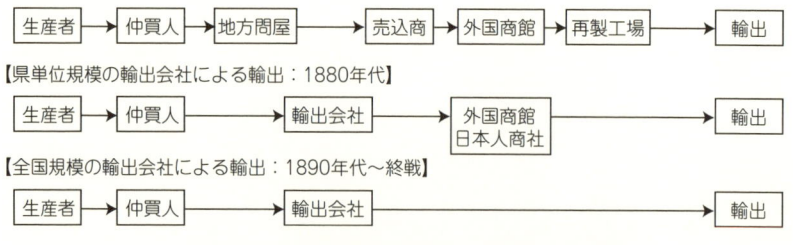

生産者 → 仲買人 → 地方問屋 → 売込商 → 外国商館 → 再製工場 → 輸出

【県単位規模の輸出会社による輸出：1880年代】

生産者 → 仲買人 → 輸出会社 → 外国商館 日本人商社 → 輸出

【全国規模の輸出会社による輸出：1890年代～終戦】

生産者 → 仲買人 → 輸出会社 → 輸出

図6-1　居留地経由の輸出から直輸出への展開
資料：日本茶輸出百年史編集委員会［9］，寺本益英［7］より作成．

た[1]。こうした中，貿易による利潤を日本のものにしようという動きが高まり，1900年代以降，日本人によって日本の緑茶を直接外国に輸出するという直輸出に変化していった（**図6-1**）[2]。直輸出の試みは，地方町村の有志が直輸出会社を設立したことから始まったが，資本力の弱さから撤退へ追い込まれることが多かった．

　その後，県単位の規模と資本を持った直輸出会社が設立されたが，実際には外国商館か日本人商社に委託して輸出をしていた．しかし，この当時最大輸出相手先であったアメリカにおける茶価の下落に耐えられず，撤退する直輸出会社が相次いだ．こうした状況に対応できるようにするためには，全国組織で直輸出に取り組む必要があるという業界内の意向により，1890年に日本製茶会社が設立されたが，日本経済の悪化により解散に追い込まれた[3]。

　その後，1895年に新たに日本製茶株式会社（横浜）と日本製茶輸出会社（神戸）が設立され，両社は直接海外の茶商へ緑茶を送って販売していた．

　この2社の設立に追随するように直輸出の会社が次々に設立され，日本の緑茶輸出は拡大していった[4]。しかし，異物混入などの不正茶の輸出が増加し，当時の最大輸出相手先であったアメリカからは偽物茶輸入禁止措置がつきつけられた．これを受けて，新しい輸出先の開拓が求められ，ロシアへの輸出も行われた．その後も日本は輸出先を次々に開拓していったが，明治時代後半から，インドやスリランカ，インドネシアなどの他国におけるプラ

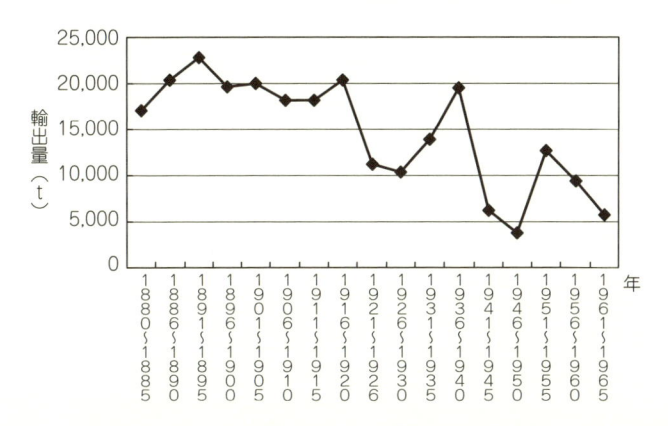

第6章　食品企業主導による緑茶の農産物輸出システム

図6-2　明治時代後半から昭和前半までの緑茶輸出量の推移（5カ年平均）

資料：大石貞男［2］より作成。
注：1880～1910年は明治期（明治13～43年）、1911～1925年は大正期
（明治44年～大正14年）、1926～1965年は昭和期（昭和元年～40年）
という時代区分となる。

ンテーションが軌道に乗り、世界市場を独占するようになったため、日本産緑茶の輸出比率は低下していった（図6-2参照）。

　昭和に入った後は、1万t台をやや上回る輸出がされていたが、第二次世界大戦末期には、食糧不足のために食糧作物の生産が優先されたため、輸出はほとんどなかった。第二次世界大戦後も、食糧不足により生産増加を進めるのは困難であったが、連合軍による主要食糧放出の見返物資の1つとして茶が選ばれ、輸出するに当たって、日本茶交易株式会社が当時の貿易庁の輸出代行機関として設立された。大戦による茶園の荒廃と生産量の激減、品質の低下等による在庫不足の状況は、日本の緑茶輸出にとって厳しい環境であったが、輸出用の荒茶の集荷から荷受加工配分等を行う静岡貿易茶再製会社の存在によって、日本茶交易株式会社は茶の集荷に成功した。それも、全国の各産地の農協に一番茶のみが集荷され、農協から特定の再製工場へ義務的に供出され、外観だけでなく品質も整った優良品の茶が輸出されていたのである（図6-3）。

生産者 → 各産地農協 → 各産地再製工場 → 静岡貿易茶再製会社 → 日本茶交易株式会社 → 輸出

図6-3 戦後における政府統制下の輸出
資料：日本茶輸出百年史編集委員会［9］より作成。

　戦後の混乱期において，上述した輸出方法によって，輸出量は増加していった。しかし，この輸出は政府による一元的な輸出であり，日本の民主化を進めようとしていたGHQの考え方と相反する関係が生じていた。その後，茶貿易における民主化を進めるために，輸出業者が直接バイヤーと取引交渉を行う民間貿易へと徐々に変化していった。

　しかし，第二次世界大戦中の一時的な輸出停止などによって，輸出相手先の嗜好が変化し，戦前のような輸出はできなくなり，1950年代後半から，日本の緑茶輸出は徐々に落ち込みを見せていった。特に，戦前の輸出最大相手国であった北アメリカはコーヒーや紅茶に依存するようになり，緑茶は粉茶や下級緑茶がわずかに輸出される程度となった。

　以上のような輸出先における嗜好の変化，統制貿易から民間貿易への移行に加えて，緑茶の日本国内の需要動向によって日本産緑茶輸出の質的・量的な変化がもたらされた。当然のことであるが，民間貿易が進展することによって，輸出される茶は各輸出業者の判断に任されるようになる。したがって，高度経済成長により，国内需要が増加し始めた1950年代後半以降，一番茶のほとんどが内需向けとなり，二番茶以降を輸出に仕向けざるを得ないという状況になったのである。こうした国内需要増加の影響や，日本国内における賃金の上昇，諸物価のインフレ傾向を受けて，日本の緑茶は価格的に輸出競争力を失い，1960年代後半から輸出量は減少していった（前掲**図6-2**）。1970年代後半には，2,000 t 台を維持していた輸出量は，1980年代から徐々に減少し，1980年代後半には，1,000 t 台になり，1990年代前半にかけて停滞傾向を示してきた。（**図6-4**）。

　しかし，1990年代後半からの緑茶輸出は徐々に増加傾向を示し始めている。特に注目すべき点として，1960年代から1990年代まで欧米諸国中心であった

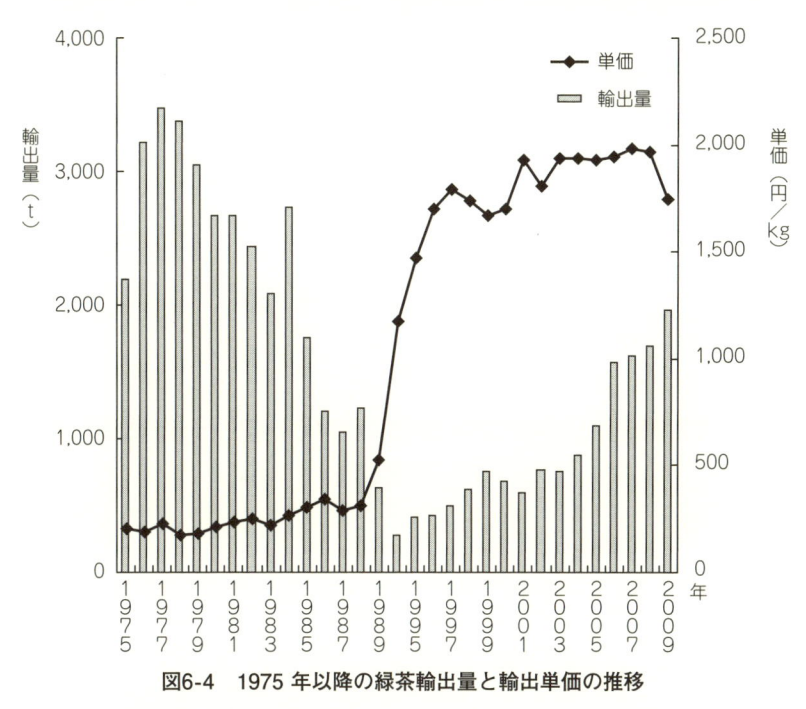

第6章　食品企業主導による緑茶の農産物輸出システム

図6-4　1975年以降の緑茶輸出量と輸出単価の推移

資料：日本茶業中央会『茶関係資料』各年版，『最近における茶の動向』1987年版より作成。
注：輸出単価はＦＯＢ価格である。

　日本の緑茶輸出が，1990年代後半から2000年代にかけては，欧米諸国だけでなく，アジア諸国への輸出が増加していることである（前掲**表6-1**）。
　さらに，輸出緑茶の単価は，1965年～1985年には約200～300円/kgであったが，1990年代には1,500円/kg強，2000年代に入ってからは，約1,800～1,900円/kgへと年々上昇している。このように，日本の輸出緑茶の単価の推移をみると，1990年代に急激に上昇し，2006年の輸出緑茶価格は1965年の約9倍にもなっている（前掲**図6-4**）。国内の茶期別生産者価格をみると，詳しくは後述するが，一番茶の生産者価格の平均は2,500円/kg前後，二番茶の平均は1,000円/kg前後であり，2000年代以降の輸出価格の水準と近似しており，輸出単価が上昇し始めた1990年代以降，日本から輸出される緑茶は高級

茶へと転換していることが窺える。

 以上のように，近年の緑茶輸出は年々拡大し，特に2000年代からアジア諸国への輸出比率が高まり，さらに輸出緑茶単価は全体的に上昇している。しかし，近年緑茶輸出が拡大してきた背景や，輸出相手先地域の輸出比率が変化している要因については未だ明らかにされていない。そこで第3節以降では，日本の緑茶産業がおかれている現状を踏まえ，実際に緑茶輸出を行っている日本の製茶企業による日本産緑茶輸出の事例をあげ，上述した要因を明らかにする。

第3節　日本の緑茶産業の現状と製茶企業による日本産緑茶輸出の展開

1）日本の緑茶産業の現状

　日本では，1950年代後半から始まる高度経済成長によって，1965年から1970年にかけて，緑茶の国内需要が増加し始めていた。それにより，日本の茶生産は，1970年代から1980年代にかけて急速に拡大している（**表6-2**）。

　しかし，1970年から1985年にかけて国内の緑茶需要は減少傾向に転じた。また緑茶生産は1983年まで拡大していたが，1984年から減少し続け，2009年の作付面積は4万7,300ha，生産量は8万6,000 t と，1965年の水準に近づきつつある。

　このように国内の茶生産が減少傾向を示しはじめた要因として，1990年代後半以降の緑茶輸入量の増加が考えられる。2001年時点の国内供給量のうち輸入緑茶は17％も占めている。この緑茶輸入増加の影響は国内の緑茶生産者価格に表れている（**図6-5**）。国内の茶期別価格をみると[5]，一番茶価格は1989年の3,002円/kgから2006年には2,626円/kgへと低下，二番茶価格は徐々に低下しているが，平均的に1,000円/kg前後を示している。他方，三番茶・四番茶価格は，2004年から2005年にかけて大きく上昇し，2004年には四番茶は三番茶よりも高く，1,132円/kgとなった。冬春秋番茶は平均して300～400

第6章 食品企業主導による緑茶の農産物輸出システム

表6-2 日本における緑茶生産の状況と輸出入量及び供給量の推移

(単位:ha, t, %)

年	作付面積 ha	荒茶生産量 (A) t	輸出量 (B) t	輸入量 (C) t	国内供給量 (A)−(B)+(C) =(D) t	供給量に占める輸入緑茶の割合 (C)/(D) %
1965	48,500	77,431	4,599	—	—	
1970	51,600	91,198	1,530	9,063	98,731	9.2
1975	59,200	105,449	2,198	8,860	112,111	7.9
1980	61,000	102,300	2,669	4,396	104,027	4.2
1985	60,600	95,500	1,762	2,215	95,953	2.3
1990	58,500	89,900	283	1,941	91,558	2.1
1995	53,700	84,800	461	6,467	90,806	7.1
1996	52,700	88,600	428	10,824	98,996	10.9
1997	51,800	91,200	499	11,307	102,008	11.1
1998	51,200	82,600	651	6,399	88,348	7.2
1999	50,700	88,500	755	12,047	99,792	12.1
2000	50,400	89,300	684	14,328	102,944	13.9
2001	50,100	89,800	599	17,739	106,940	16.6
2002	49,700	84,200	762	11,790	95,228	12.4
2003	49,500	91,900	760	10,242	101,382	10.1
2004	49,100	10,0700	872	16,955	116,783	14.5
2005	48,700	97,800	1,096	15,187	111,891	13.6
2006	48,500	89,900	1,576	11,254	99,578	11.3
2007	48,200	92,110	1,625	9,591	100,066	9.6
2008	48,000	93,500	1,701	7,326	99,125	7.4
2009	47,300	86,000	1,958	5,865	89,907	6.5

資料：日本茶業中央会『茶関係資料』各年版より作成。
注：1995～1999年は主産14府県（埼玉，静岡，岐阜，愛知，三重，滋賀，京都，奈良，福岡，佐賀，長崎，熊本，宮崎，鹿児島）。2000年は13府県（岐阜を除く）。2001年は12府県（滋賀を除く）。2005，2006年は主産16府県（茨城，埼玉，岐阜，静岡，愛知，三重，滋賀，京都，奈良，高知，福岡，佐賀，長崎，熊本，宮崎，鹿児島）。―は不明を示す。

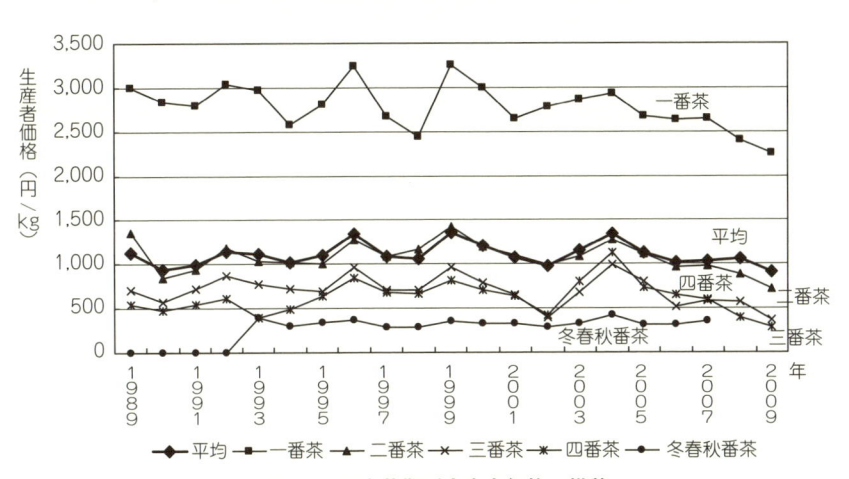

図6-5 国内茶期別生産者価格の推移

資料：日本茶業中央会『茶関係資料』各年版より作成。

円/kg程度を示している。

　このように，一番茶や二番茶の価格が低下傾向を示し，三番茶以降の下級茶価格が上昇傾向を示した背景として，緑茶の消費形態が変化したことがあげられる。緑茶消費量は，1990年代前半には減少傾向を示していたが，1990年代後半から増加している。しかし上述したように，茶期別生産者価格の一番茶価格が低下し，下級茶価格が上昇していることを踏まえると，緑茶需要全体は増加しているが，一番茶需要は減少，下級茶需要は増加している状況にあることが窺える。

　こうした下級茶需要が増加している要因には，ペットボトル緑茶の生産が，1990年代から急速に拡大していることが関係している。緑茶飲料の生産量は1992年と比べて2006年には約15倍に増加している。しかし，上述したように，緑茶飲料に含まれる原料茶葉は約1％ほどであり，混合茶ドリンクでは約0.5％である。そのため，緑茶飲料の消費が伸びたとしても，茶葉の含有量が少なく，緑茶飲料とブレンド茶の原料茶葉の量を合わせても，2万5,000ｔと緑茶消費量の約25％を占めるにすぎない（**表6-3**）。

　さらに，緑茶飲料に使用される茶葉はコストを抑えるために，下級茶を使用することが多く，2002年の中国産農産物の残留農薬問題発生以前は，安価な中国産緑茶が多く使用されていた[6]。しかし，中国の残留農薬問題の影響を受けて，日本国内の緑茶飲料メーカーは原料茶葉の日本産回帰を図った。それにより，国内の下級茶価格は上昇している。特に2003年から2005年にかけての四番茶の生産者価格が上昇している。したがって，ペットボトル緑茶の生産拡大により，2003年以降の国内下級茶需要が高まり，価格が上昇していると考えられる。

　こうした動向によって緑茶飲料の消費は拡大傾向にあるが，急須で淹れて飲むいわゆる煎茶の需要は減少傾向にある。特に，煎茶として飲まれる茶葉は，一番茶や二番茶といった品質の高いものが原料となる。つまり，煎茶需要の減少は一番茶や二番茶の生産者価格の低下をもたらす。高価格で取引される一番茶と下級茶の価格を比べると一番茶は下級茶の約5～6倍にもなり，

表6-3 緑茶飲料とブレンド茶に占める原料茶葉量と煎茶消費量の推移

年	緑茶飲料 生産量 千kl	うち緑茶原料(推定原料使用率) (A) t	フレンド茶 生産量 千kl	うち緑茶原料(推定原料使用率) (B) t	原料使用量合計 (A)−(B)=(C) t	緑茶消費量 (D) t	煎茶消費量 (D)−(C)=(E) t
1992	160	1,600	—	—	1,600	96,362	94,762
1993	266	2,660	23	35	2,695	97,276	94,582
1994	388	3,880	165	248	4,128	90,837	86,710
1995	405	4,050	379	569	4,619	90,806	86,188
1996	436	4,360	641	962	5,322	99,096	93,775
1997	473	4,730	851	1,277	6,007	102,008	96,002
1998	617	6,170	950	1,425	7,595	88,347	80,752
1999	693	6,930	1,011	1,517	8,447	99,792	91,346
2000	1,034	10,340	1,013	1,520	11,860	102,944	91,085
2001	1,523	15,230	772	1,158	16,388	106,940	90,552
2002	1,625	16,250	813	1,220	17,470	95,228	77,759
2003	1,743	17,430	848	1,272	18,702	101,382	82,680
2004	2,250	22,500	865	1,298	23,798	116,823	93,026
2005	2,645	26,450	805	1,208	27,658	114,091	86,434
2006	2,442	24,420	803	1,205	25,625	101,478	75,854
2007	2,467	24,670	894	1,341	26,011	102,066	76,055
2008	2,362	23,626	840	1,260	24,886	101,125	76,239
2009	2,241	22,412	711	1,067	23,479	89,907	66,428

資料：日本茶業中央会『茶関係資料』各年版より作成。
注：—は不明を示す。

一番茶は生産農家にとって重要な収入源となるため，煎茶需要の低下は茶生産農家へ大きな影響を与える。特に，日本最大の茶産地である静岡県は，生産量の多くが一番茶や二番茶であり，全体の約78％を占めている（**図6-6**）。

しかし，近年生産量を増加させている九州地方，特に鹿児島県は，生産量のうち一番茶，二番茶が占める割合は約61％で，三番茶以降の下級茶の割合が約39％である[7]。したがって，上述したペットボトル緑茶における原料茶葉の日本産回帰に応じて，鹿児島県産下級茶の供給が増加していることが推測できる。

その一方，生産量に占める煎茶の割合が高い静岡県の茶生産は，煎茶需要が低下していることから，「作っても売れない」状況であり，茶生産の維持

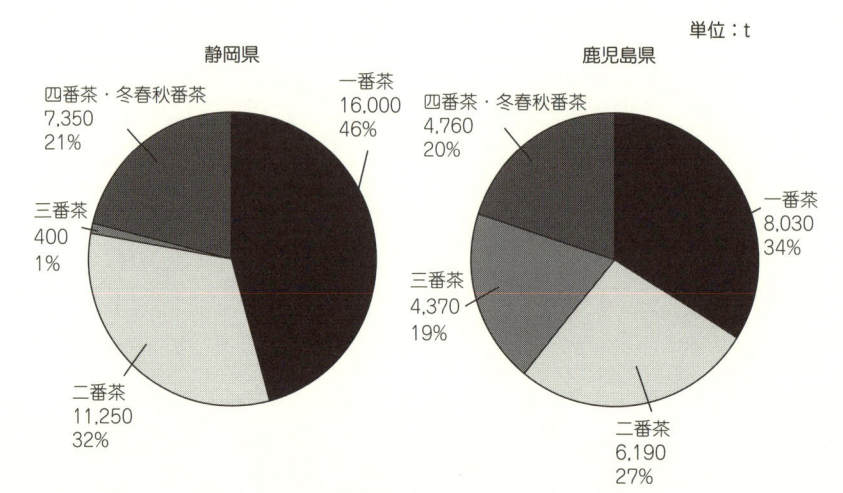

図6-6 静岡県と鹿児島県の茶期別生産量とその割合（2009年）
資料：日本茶業中央会『茶関係資料』各年版より作成。

が困難な状況となっている。したがって，近年の煎茶需要低下により，最大産地である静岡県における生産農家の所得は低下している。

このような状況に対する方策として静岡県を中心に緑茶輸出は注目されている。とはいいながらも近年の緑茶輸出は戦前・戦後の水準までには達していない。こうした状況を作り出している要因として，日本の緑茶流通における複雑な構造が考えられる。

前掲図6-1，前掲図6-3において，戦前および戦後の政府統制下の緑茶輸出の経路について示したが，当時の緑茶輸出は政治的な意味合いが非常に強く[8]，日本政府として輸出相手国の要求に迅速に対応できるように，茶輸出に特化した会社を設立し，輸出を展開していた。上述したように，戦後民主化が進むにつれて，茶輸出は政府による統制貿易ではなく，民間貿易へ転換していった。それにより，以前のような緑茶輸出に特化した会社だけではなく，輸出できる資本力さえあれば，日本の緑茶流通に関係しているすべて

第6章　食品企業主導による緑茶の農産物輸出システム

の主体が，輸出できる機会を与えられたと考えることができる。しかし，現在の国内の流通構造が複雑多岐に渡っていることから，以前のように輸出相手先の要求に対して迅速に対応することができないという点において，緑茶輸出の拡大が困難になっているのではないかと考えられる（**図6-7**）。

　特に荒茶加工から仕上げ茶加工に至るまでの経路が複雑である。静岡県の緑茶流通の場合，2002年時点で，荒茶加工から仕上げ茶加工までの間に，農協を経由するのは32.5％となっている。農協経由以外には，茶市場や斡旋商や仲買商を経由して仕上げ加工へ販売されており，荒茶加工から仕上げ茶加工まで直接販売されるのは，16.8％となっている。仕上げ茶加工では，再製問屋が95.3％を占めており，さらに仕上げ茶加工された緑茶の販売先としては，茶専門小売店が約40.3％で，再製問屋と茶専門小売店とのつながりが強いことがわかる。

　日本国内の緑茶流通は再製問屋と茶専門小売店との強固な関係が依然として存在しており，緑茶貿易の動向に迅速に反応できない性格を有していることがわかる。

　こうした状況の中，生産から消費者までの販売を一貫して行う自園自製自販体制の形態をとる茶園または企業が，約8.4％存在している。こうした自園自製自販体制は経営環境の変化に柔軟に対応できる可能性を秘めており，近年の世界的な日本産緑茶需要の高まりに対しても対応できる存在として注目される。ただし自園自製自販体制は現段階において全流通量の10％にも満たない状態である。

　つまり，現在における日本国内の複雑多岐に渡る緑茶流通構造が，海外における日本産緑茶需要の動向に対応しにくい状況を作り出しているのではないかと思われる。そこで，以下では，緑茶輸出を実際に行っている製茶企業の事例をもとに，日本の緑茶輸出の現状について明らかにする。

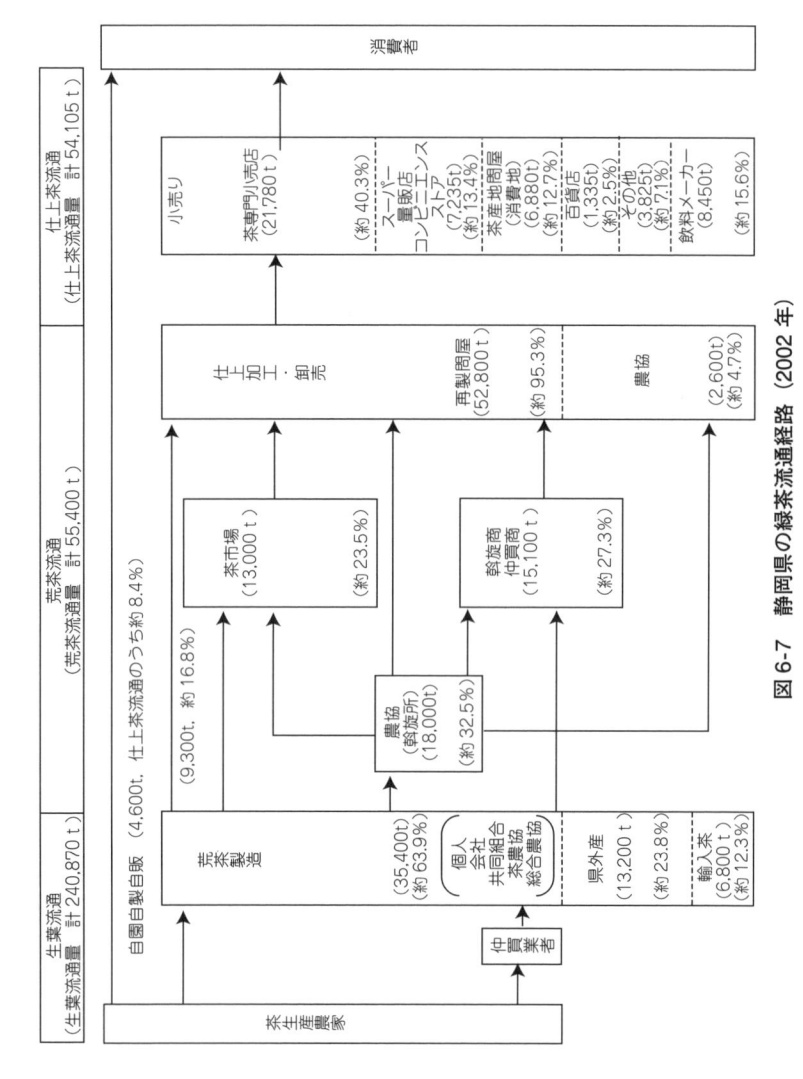

図 6-7 静岡県の緑茶流通経路 (2002 年)

資料：静岡県農業水産部お茶室「静岡県茶業の現状」2002 年版より作成

第 6 章　食品企業主導による緑茶の農産物輸出システム

2）製茶企業による日本産緑茶輸出の展開

（1）事例企業の概要

　本章の事例企業である製茶企業M社は，静岡県御前崎市に立地しており，1881年に緑茶生産を開始し，1982年に資本金1,000万円で株式会社化し，煎茶の生産，加工，販売を行っている。原料調達先は，自社茶園10haと，契約農家25haとなっており，契約農家戸数は20戸である。M社の従業員数は全部で32名と製茶企業では中規模であるが，生産から販売まで一貫して行っている[9]。

　M社は日本の製茶企業の中でも後進的な企業であるため[10]，緑茶の国内販売市場への新規参入が困難であった。そこで，アメリカへ進出する日本の海苔製造販売企業に緑茶を販売する方法を通じて，輸出を開始した。1991年に初めてアメリカへ約1.5 t 輸出したが，それは外食産業などで使用されるような業務用向けが中心であった。現在のM社の緑茶輸出量は，1社のみで日本全体の緑茶輸出量の10％を占めるほど高い。特にアメリカ向け輸出に限定すれば，約20％を占めている。

（2）M社による緑茶輸出の展開

　図6-8が示すように，M社は原料となる生葉を自社農園と契約農家から調達し，加工工程は仕上茶，パッケージまでのすべてを自社で行い，さらに販売まで行っている。緑茶販売量は約500 t であり，約80％を国内へ販売し，残りの20％を輸出している。国内流通の内訳は，小売店50％，通信販売10％，その他は主に静岡県内にある緑茶飲料メーカーなどへの販売で約20％となっている。このように，M社は生産から販売まで一貫して行っているため，一般的な緑茶流通と比べて流通経費を低く抑えることを可能にしている[11]。

　海外へ輸出される約100 t の緑茶は，アメリカ，イギリス，フランスなどの欧米諸国，香港，シンガポール，タイ，フィリピン，台湾などのアジア諸国へ輸出されている（表6-4）。1990年代は，欧米諸国を中心に輸出してい

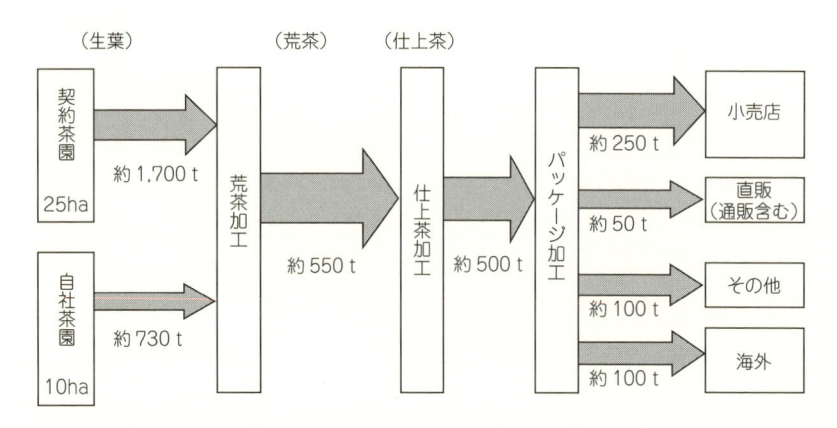

図6-8 M社における緑茶生産から販売までの経路（2006年）

資料：M社からの聞き取り調査より作成。

表6-4 M社の輸出相手国の概要(2006年)

	欧米諸国			アシア諸国			
	アメリカ	イギリス	フランス	香港	シンガポール	タイ	台湾
輸出開始年	1991	1992	1992	2002	2002	2002	2003
関税	Free	Free	Free	Free	Free	60%	18.8%
輸出量	約70t	約5t		約10t			約10t
販売先	小売店 外食産業 ホテル	小売店のみ		小売店のみ			小売店 外食産業 ホテル
業務用価格	約270円/100g	—		—			約540円/100g
小売価格	約1,200円/100g	約1,700円/100g		約1,700円/100g			約1,700円/100g
業務用：小売用輸出比率	90%：10%	0%：100%		0%：100%			90%：10%

資料：M社への聞き取り調査結果より作成。
注：フランスを経由して，ベルギーやスイスでもM社の緑茶は販売されている。他にも，フィリピンやオーストラリアなどへ10t程度輸出している。

たが，2000年代に入りアジア諸国への輸出を開始している。M社は，輸出相手国の食品流通問屋などと代理店契約をし，緑茶を輸出している[12]。

輸出用の仕上げ茶は，90％が業務用で，10％が小売用となっている[13]。業務用緑茶が多くを占める背景として国内市場との関係で言えば，以下のこ

第6章　食品企業主導による緑茶の農産物輸出システム

とが考えられる。上述したように，静岡県に次ぐ生産地である鹿児島県産の下級茶が，緑茶飲料の消費拡大傾向の中で供給を拡大し，業務用緑茶のシェアを高めている。その影響を受けて，静岡県産緑茶の需要は次第に低下し，その対応策としてM社は下級茶を海外へ輸出せざるを得ず，結果として業務用緑茶の輸出比率が高くなっているのである。

M社のように，生産から販売まで一貫して行うことにより，一般的な緑茶流通と比べて流通経費を低く抑えることを可能にするだけでなく，輸出相手国の需要に対する生産段階・加工段階における早急な対応を可能にしている。M社は，相手国に合わせた嗜好にするために，加工段階において茶葉の蒸し時間や火入れ時間を調節している。

こうした緑茶輸出の現状から，今後の輸出拡大を考えた場合，輸出相手先の動向に迅速に対応できるような，輸出システムを構築することが重要といえる。また，このようなシステムを構築しやすいのは，M社のような生産から販売まで一貫して行っている製茶企業であるからと考えられる。

第4節　輸出相手先における緑茶販売動向とアジア諸国への輸出拡大の要因

1）輸出相手先における日本産緑茶の販売動向

次に，輸出相手先地域の比率が変化している要因について解明するために，M社の輸出相手先における日本産緑茶販売を取り上げる。

M社の緑茶輸出相手先の動向は，前掲**表6-1**の日本全体の緑茶輸出相手先比率の変化と同様に，当初はアメリカ向けが中心であったが，近年，アジア諸国における所得の向上により，アジア諸国への輸出を増加させている。現在，M社の緑茶輸出の中心はアメリカと台湾であり，輸出量に占める割合はそれぞれ70％，10％となっていることから，この2地域における販売行動を取り上げる。

(1) アメリカにおける日本産緑茶の販売

　M社がアメリカへ輸出を開始した1990年代前半には，すでに中国産緑茶がアメリカ市場に出回っており，しかも中国産緑茶の価格は日本産の5分の1程度であった(14)。アメリカでは緑茶の認知度が低く，「中国の緑茶」も「日本の緑茶」も同じ緑茶と考えられてしまう。そのため，価格が商品選択を左右する重要な要因となり，M社の販路拡大は困難であった。

　現状ではM社の小売用日本産緑茶の販売先は限定されている。というのは，アメリカにおける日本産緑茶の需要者は，主に日本人，韓国や中国などのアジア圏の人々，日本食に関心の高いアメリカ人であり，緑茶需要の割合はM社のヒアリング調査によればそれぞれ50％，40％，10％である。このような需要構成からわかるように，日本産緑茶の販売先は，日系スーパーに限られている。さらに，アメリカ人が日常的に行くスーパーでは，日本の大手製茶メーカーがブラジルで生産した低価格の緑茶（1～2ドル/100ｇ）を販売しており，高価格の日本産緑茶を販売するためのスペースが確保しにくい状況となっている。

　そのためM社はアメリカで日本料理店を中心とする販路拡大戦略を採用した。上述した日本食ブームや健康ブームが追い風となり，日本料理店が次々と展開する中で，M社は小売店への販路を拡大していき，その結果，当初4社であった緑茶の販売先は現在では16社にまで増加している。

(2) 台湾における日本産緑茶の販売

　アジア諸国への日本産緑茶販売においてM社は，アジア諸国の所得格差の拡大に注目し，高所得者向けへの高価格な緑茶の販売の展開を中心戦略としている。台湾に対してもこの戦略を前提に，2002年に輸出を開始した。

　台湾では，茶の小売店が多く存在しているため，上述のアメリカよりも日本産緑茶の販売を促進させる活動が必要である。そこで，M社は3年前から台湾のオーガニックストアやデパートを中心にプロモーション活動をし，現在，約600店でM社の緑茶を販売している(15)。

第6章　食品企業主導による緑茶の農産物輸出システム

　台湾における小売用日本産緑茶の販売価格は，台湾産緑茶の約5倍であり，1,700円/100gが主流となっている。また，業務用日本産緑茶の販売価格においては，小売価格の3分の1程度である。しかし，台湾国内で一般的に使用される業務用緑茶より高いため，主に高級日本食レストランや高級ホテルに限定して販売している。

2）アジア諸国への輸出拡大の要因

　M社によるアメリカと台湾における日本産緑茶の販売動向から，輸出相手先の輸出比率が変化した要因が明らかになった。

　台湾では茶の小売店が多く存在しており，小売店への販売を強化することで，日本産緑茶の需要者を確保している。一方，アメリカでは台湾のような小売店が少ないため，日本料理店などの外食産業への販売を中心としている。したがって，アメリカにおける日本産緑茶の需要者の拡大は，日本料理店などを通して引き起こされると考えられ，現地の需要者の拡大には時間がかかるといえよう。このように，アメリカと比べて台湾では，販売先の選択肢が多いため，日本産緑茶の需要が急速に拡大しやすい。こうした要因により，台湾を代表とするアジア諸国向け日本産緑茶輸出の拡大が近年著しいと考えられる。

　現在，M社の経営における輸出の割合は取扱量ベースで20％を占めている。さらにM社では今後の日本国内で予想される人口減少と煎茶需要の縮小も踏まえて，輸出を日本産緑茶の需要拡大へ繋がる魅力あるものとして考えている。特に，アジア諸国への輸出拡大要因の存在を考慮し，台湾をはじめとするアジア諸国向け輸出の拡大を目指している。しかし，今後もアジア諸国向け輸出が拡大傾向を示すのか否かが重要な論点となるであろう。以下では台湾における日本産緑茶輸入業者の展開及び日本産緑茶の販売動向の事例をあげながら検討する。

第5節　台湾における日本産緑茶輸入販売業者の展開

前掲表6-1から明らかなように，1990年以降，台湾向け日本産緑茶輸出は増加傾向にある。本節では，事例企業として日本産緑茶輸入販売業者T社と台湾の茶卸売問屋Z社をあげ，台湾における日本産緑茶流通・販売行動について考察する[16]。

事例企業のT社は，取扱製品の100％が日本産緑茶であり，上述した台湾向け日本産緑茶輸出量全体のうち10％を占めている。詳しくは後述するが，T社を取り上げることによって，日本産緑茶の生産から台湾における販売動向までの一貫した流通・輸出体制について考察することができる。

また，Z社は台湾向け日本産緑茶輸出が急増する90年代以前から，（日本産緑茶を必ずしも使用しない）「日本茶」[17]を取り扱っていた企業であり，台湾における「日本茶」販売においては先駆的企業である。こうした理由により，上記2社を事例としてとりあげる。

1）台湾における緑茶供給動向

まず事例分析に入る前に，台湾における緑茶供給について概観する。表6-5によれば，台湾における茶総生産量のうちのほとんどを緑茶が占めていることがわかる。さらに，緑茶の輸出入についてみると，2002年のWTO加盟以降，緑茶輸入量は増加しており，2004年以降では茶総輸入量のうち30％前後を占めている。主な輸入相手国は，ベトナムであり全体の約90％を占めている。一方で，緑茶輸出量は減少し，2003年以降茶総輸出量のうち5％前後を占めているに過ぎない。

こうした状況をもとに緑茶供給量を算出すると，緑茶供給量は年々増加し，2003年以降，茶総供給量のうちの70％以上を占めている。引用した統計では，緑茶を蒸し茶と釜炒り茶に分類[18]していないため，蒸し茶である「日本茶」の供給量を把握することはできないが，台湾では緑茶が比較的多く供給され

第6章　食品企業主導による緑茶の農産物輸出システム

表6-5　台湾における茶総供給量と緑茶供給量の動向

(単位：t，%)

年	茶総生産量	緑茶生産量	茶総輸入量	緑茶輸入量	茶総輸出量	緑茶輸出量	茶総供給量	緑茶供給量	茶総供給量に占める緑茶供給量の割合
1995	20,892	20,000	8,354	1,575	4,150	811	25,096	20,764	82.7
2000	20,349	19,500	12,891	1,873	3,774	640	29,466	20,733	70.4
2001	19,837	19,000	16,547	2,134	4,360	418	32,024	20,716	64.7
2002	20,345	19,500	18,564	3,329	6,708	512	32,201	22,317	69.3
2003	20,675	19,800	19,725	4,149	8,557	563	31,843	23,386	73.4
2004	21,192	19,300	20,887	6,143	8,820	467	32,259	24,976	77.4
2005	18,803	18,000	22,059	7,012	9,943	491	30,919	24,521	79.3
2006	19,345	18,500	25,518	7,419	9,198	579	35,665	25,340	71.1
2007	17,502	16,800	26,413	8,511	9,068	590	34,847	24,721	70.9
2008	17,384	17,200	27,289	8,388	9,693	757	34,980	24,831	71.0

資料：行政院農業委員会『農産貿易統計要覧』各年版、日本茶業中央会『茶関係資料』各年版より作成。

ていることがわかる。

2）日本産緑茶輸入販売業者T社の輸入・販売行動

(1) T社の概要

　T社は、第3節2）で前述した日本の製茶企業M社と2002年に代理店契約を結び、M社の製品を輸入・販売している台湾の企業である。年間10 t 程度を輸入し、うち10％は小売用、90％は業務用である。

(2) T社の日本産緑茶輸入

　図6-9の通り、T社と代理店契約しているM社は原料生産から製品販売までを一貫して行っている。年間の販売量は約500 t、そのうち約100 t が輸出用となっている。M社が輸出する緑茶は、日本国内仕向と同品質、同価格の製品であり、M社にとって輸出は、日本国内市場における煎茶需要低下への対応策と捉えられる。

　台湾の総代理店であるT社へは、M社の総輸出量100 t のうちの10 t 程度を輸出している。台湾へ輸出する際にかかる諸経費に関しては、日本におけ

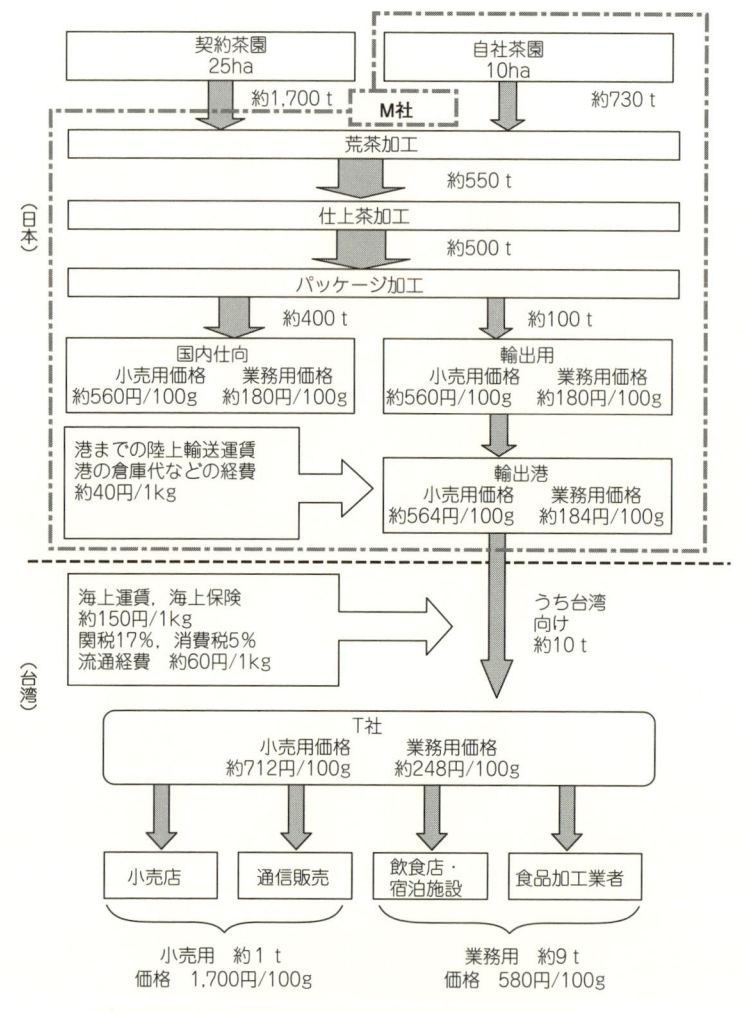

```
                    ┌─────────────┐    ┌─────────────┐
                    │  契約茶園    │    │  自社茶園    │
                    │   25ha      │    │   10ha      │
                    └──────┬──────┘    └──────┬──────┘
                       約1,700 t              約730 t
                    ┌─────────────────────────────────┐
                    │         荒茶加工                 │
                    └────────────────┬────────────────┘
                                  約550 t
                    ┌─────────────────────────────────┐
                    │         仕上茶加工               │
                    └────────────────┬────────────────┘
                                  約500 t
                    ┌─────────────────────────────────┐
                    │         パッケージ加工           │
                    └────────┬────────────────┬───────┘
                         約400 t           約100 t
```

図6-9　T社における日本産緑茶輸入（2006年）

資料：T社へのヒアリング調査より作成。

る陸上輸送運賃，港の倉庫代を輸出側のM社が負担している。海上運賃，海上保険，輸入緑茶の関税，税金，台湾内の流通経費など，台湾側においてかかる経費はすべて輸入側のT社が負担している。

以上のような諸経費を加算したT社の日本産緑茶の卸売価格は，小売用が712円/100ｇ，業務用が248円/100ｇとなっている。

（３）T社の日本産緑茶販売行動

図6-9の通り，小売用の価格は約570元（1,700円）/100ｇであり，台湾の小売段階において日本産緑茶100％使用の「日本茶」は，台湾の平均緑茶小売価格約118元（約354円）/100ｇ[19]よりも約5倍も高いことがわかる[20]。

その要因として，M社の輸出する日本産緑茶の原価が高いことや，流通経費の加算があげられるが，他にも台湾における積極的な「日本茶」のプロモーション活動が一つの大きな要因として考えられる。前述のように，日本から台湾への日本産緑茶の輸出は90年代以降増加傾向であったが，台湾の消費者の「日本茶」に対する認識はまだ低く，現段階において，消費者が「日本茶」を購入するときの決定要因は，価格となる。したがって，T社は，価格ではなく，品質の違いを示す必要があるため，オーガニックストアや百貨店などにおいて試食会を開き，積極的にプロモーション活動をしている。それにより，多大な資金がかかり，T社の「日本茶」価格が高くなっているのである。

当初から日本産緑茶の輸出側であるM社は，台湾への輸出に対して，高所得者を中心とした販売戦略を掲げていたが，その背景には，台湾において日本産緑茶の販売価格がそもそも高くならざるを得ない状況が存在していたのである。

３）茶卸売問屋Z社の輸入・販売行動

（１）Z社の概要

Z社は，1845年に台北市の郊外において烏龍茶の生産を開始したが，1980年に生産をやめ，茶の卸売問屋となった。現在は年間10ｔ程度の茶を扱っている。Z社は台湾の茶産業の中で差別化を図るために，取引先で台湾産緑茶の「日本茶」を生産している製茶企業から原料を調達し，2000年から台湾産

緑茶100％の「日本茶」を販売し始めた[21]。それと同時に，日本産緑茶の輸入を開始し，年間1ｔ程度を輸入し，50軒の小売店や20軒の卸売問屋に日本産緑茶の「日本茶」を販売している。

(2) Z社の日本産緑茶輸入

　Z社の日本産緑茶の調達先は，静岡県の製茶企業2社，大阪府の産地問屋1社，鹿児島県の製茶企業1社と荒茶工場1社である。Z社の日本産緑茶輸入は，**図6-10**の通りであり，上述したT社と同様に，輸入側のZ社は海上運賃，海上保険，輸入緑茶の関税，税金，台湾内の流通経費を負担している。諸経費が加算され，Z社の卸売価格は，小売用日本産緑茶が672円/100ｇ，業務用が201円/100ｇとなっている[22]。

　輸入する日本産緑茶は上級茶から下級茶まで幅広く，上級茶は製茶企業や産地問屋から小売用として，下級茶は主に鹿児島の製茶企業と荒茶工場から業務用として輸入される。輸入された小売用の日本産緑茶は，Z社から台湾の卸売問屋や小売店に販売されるが，業務用はZ社が販売する「日本茶」のティーバッグの原料に使用されることが多い。現在，Z社が販売する「日本茶」のティーバッグは，台湾産緑茶と日本産下級緑茶を9：1の割合でブレンドしている。

(3) Z社の日本産緑茶販売行動

　Z社は，小売用日本産緑茶と業務用の日本産＋台湾産「日本茶」（ティーバッグ）を，卸売問屋や小売店，Z社に併設されている店舗において販売している。

　このように，Z社が台湾産緑茶と日本産下級緑茶をブレンドした「日本茶」を販売する理由は，コストを削減するためである。第5節2）でも前述したように台湾の平均緑茶小売価格は約118元（約354円）/100ｇであった。Z社は台湾店頭の平均小売価格に適合させるため，台湾産緑茶に1割の日本産下級緑茶をブレンドし，100元（約300円）/100ｇの「日本茶」を販売している

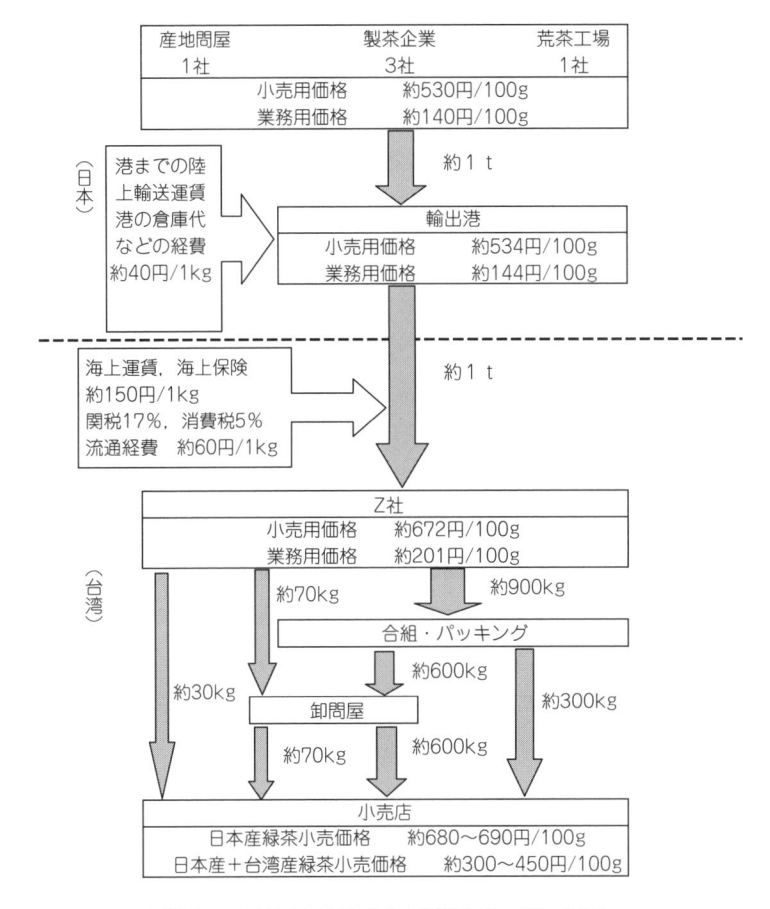

第6章　食品企業主導による緑茶の農産物輸出システム

```
                産地問屋          製茶企業         荒茶工場
                 1社              3社             1社
                       小売用価格    約530円/100g
                       業務用価格    約140円/100g
                                     ↓ 約1t
 （日本）
  港までの陸
  上輸送運賃
  港の倉庫代      →      輸出港
  などの経費              小売用価格    約534円/100g
  約40円/1kg              業務用価格    約144円/100g
─────────────────────────────────────────────────
                                     ↓ 約1t
  海上運賃，海上保険
  約150円/1kg
  関税17％，消費税5％   →
  流通経費  約60円/1kg

                         Z社
                         小売用価格    約672円/100g
                         業務用価格    約201円/100g
 （台湾）
              約70kg                    約900kg
                              合組・パッキング
                                  ↓ 約600kg
              ↓約30kg      卸問屋           ↓約300kg
                            ↓約70kg  ↓約600kg
                          小売店
                          日本産緑茶小売価格        約680〜690円/100g
                          日本産＋台湾産緑茶小売価格 約300〜450円/100g
```

図6-10　Z社における日本産緑茶輸入（2006年）

資料：Z社へのヒアリング調査より作成。

のである。

　こうした販売行動の背景には，以下のようなZ社の段階的な販売戦略が存在している。Z社はまずは台湾で販売されている茶の平均的な価格で「日本茶」を販売することで購買層を広げ，「日本茶」を知ってもらう機会を台湾の消費者に対して多く与える必要があると考えている。そしてその次の展開として，「日本茶」の需要者となった消費者の中から高くても「日本茶」を購入

するという消費者に対し，日本産緑茶100％の「日本茶」を販売し台湾における日本産緑茶販売を拡大させていこうと考えているのである。

第6節　台湾における「日本茶」販売動向

　本節では，現在輸入されている日本産緑茶が小売店においてどのような環境の下で販売されているのかについて検討する。そこで，台北市内にある以下の5店舗において，「日本茶」の販売動向について調査した。食料品を主として販売するBスーパー，Jスーパー，Wスーパー，食料品以外の商品も販売するS百貨店[23]，食料品およびそれ以外の商品を大量仕入れ，大量販売しているC量販店である。すべての店舗におかれている茶コーナーで，「日本茶」や「緑茶」と書かれた袋や箱に詰められた茶（以下，「日本茶」と略す）が販売されていた。しかし，店舗によって以下のような違いがみられた。

1）各店舗の取扱商品数と平均小売価格

　まず，各店舗における取扱商品数の違いについて検討する。**表6-6**から明らかなように，「日本茶」の取扱商品数は，Bスーパー85品，Jスーパー77品，S百貨店44品であった。一方，Wスーパー17品，C量販店12品と，上記3店舗と比べて「日本茶」の取扱商品数は少ない。

　開店当初から高所得者をターゲットとした販売を行っているBスーパーでは，高所得者をターゲットとして日本産緑茶を高価格で売り込みたいという日本の製茶企業などがBスーパーへ直接商品を卸している。こうした商品が，Bスーパーの日本産緑茶の「日本茶」平均小売価格を引き上げているのである。

　また，「日本茶」商品のうち，原料が日本産の「日本茶」は，Bスーパー100％，Jスーパー91％，S百貨店86％を占めており，「日本茶」の取扱商品数が多いと共に，日本産緑茶の「日本茶」が比較的多く販売されている。

　しかし，「日本茶」の取扱商品数が少ないWスーパーとC量販店では，日本産緑茶の「日本茶」販売も少ない。C量販店では17％を占めているが，W

第6章 食品企業主導による緑茶の農産物輸出システム

表6-6 台北市内における店舗別「日本茶」販売動向（2007年）

店舗名		Bスーパー	Jスーパー	S百貨店	Wスーパー	C量販店
「日本茶」または「緑茶」の商品数		85	77	44	17	12
うち原料	日本産（％）	100	91	86	0	17
	台湾産（％）	0	9	14	100	83
「日本茶」または「緑茶」商品の平均価格(元/100g)		790	207	278	131	161
日本産価格(元/100g)		790	233	297	—	280
台湾産価格(元/100g)		—	103	151	131	122
各店舗の特徴		①日本・欧米諸国の台湾在住者向け ②単身者向け（少量サイズの取扱が多い）	①欧米諸国の台湾在住者向け（取扱商品の約8割が輸入品・高価格）	①現地住民・日本人の台湾在住者向け ②単身者向け（少量サイズの取扱が多い）	①現地住民・東南アジアの台湾在住者向け ②単身者向け（24時間営業）	①現地住民向け ②ファミリーサイズの取扱が多い

資料：各店舗におけるヒアリング調査より作成。
注：S百貨店ではスリランカ産緑茶を，C量販店では韓国産緑茶の「日本茶」を販売している。表では，上記2産地の「日本茶」を省いて数値を算出している。

スーパーでは販売しておらず，この2店舗では原料表示が台湾産となっている「日本茶」が比較的多く販売されている。

　事例にあげたZ社のように，日本産下級茶をブレンドした「日本茶」もあることを考慮すると，台湾産と書かれた「日本茶」の原料が100％台湾産緑茶であるとは限らないが，最終加工地が台湾であることから，台湾産と表記していると考えられる。そこで以下では，台湾産と書かれた「日本茶」を台湾産の「日本茶」とする。

　つぎに，各店舗における平均小売価格の違いについて検討する。上述した日本産緑茶の「日本茶」を比較的多く販売している3店舗の「日本茶」平均小売価格は高く，Bスーパー790元/100ｇ，Jスーパー207元/100ｇ，S百貨店278元/100ｇとなっている。一方で，「日本茶」の取扱商品数は少ないが日本産緑茶の「日本茶」を販売しているC量販店の「日本茶」平均小売価格は161元/100ｇであり，日本産緑茶の「日本茶」を販売していないWスーパーは131元/100ｇとなっている。

　日本産緑茶の「日本茶」を販売している4店舗の日本産緑茶の「日本茶」平均小売価格に注目すると，Bスーパー以外の3店舗における日本産緑茶の

137

「日本茶」平均小売価格は同水準となっている。これは，Bスーパーと他の3店舗の日本産緑茶の仕入先が異なっていることが反映していると考えられる[24]。

2）日本産緑茶と「日本茶」販売店舗の関係

このように，店舗によって「日本茶」の取扱商品や価格帯が異なることが明らかとなった。以上の結果から，「日本茶」販売の店舗を以下のように分類する。

まずは，日本産緑茶の「日本茶」のみを扱い，高価格で販売する店舗（以下，「高価格店舗」と略す）である。次に，日本産緑茶の「日本茶」と台湾産の「日本茶」両方を扱い，台湾の平均緑茶小売価格と比べ2倍程度の価格で販売する店舗（以下，「中価格店舗」と略す）である。そして，台湾産の「日本茶」を取り扱う割合が高く，台湾の平均緑茶小売価格と同程度の価格で販売する店舗（以下，「低価格店舗」と略す）である。

高価格店舗と低価格店舗で販売されている「日本茶」はそれぞれ，日本産緑茶の「日本茶」と台湾産の「日本茶」に明確に分かれている。しかし，中価格店舗では，日本産緑茶の「日本茶」と台湾産の「日本茶」が両方販売されている。

そこで，中価格店舗の2店舗で販売されている日本産緑茶の「日本茶」と台湾産の「日本茶」に注目すると，台湾産の「日本茶」のうち2つの商品が，有機栽培を全面的にアピールし，約350～580元/100gと日本産緑茶の「日本茶」平均小売価格より高く販売している。このことから日本産緑茶の「日本茶」と台湾産の「日本茶」との間で競合関係が築かれつつあることが窺える。

第7節　おわりに

本章では，近年の日本産農産物輸出が拡大する中での，日本産緑茶の対外展開を取り上げ，①日本における輸出拡大要因，②日本産緑茶輸出の展開，

第6章　食品企業主導による緑茶の農産物輸出システム

③輸出相手先における日本産緑茶の販売動向，の3つの側面から考察した。その結果，今後の更なる日本産緑茶輸出の拡大を図るためには，以下のような課題の存在が明らかとなった。

　まず，製茶企業による輸出の展開や輸出相手先における販売動向について検討した上で，今後の日本産緑茶輸出の展開を考えると，輸出相手国の動向に対応した，生産・加工・販売体制を構築する必要があるといえる。本章で取り上げている緑茶産業の場合，事例にあげたM社のような，生産から販売までを一貫して行っている製茶企業が，輸出相手先の動向に対応した，生産，加工，販売を可能にすると考えられる。緑茶は他の農産物とは異なり，輸出相手先の嗜好に合わせた加工が可能である。よって，輸出相手国の動向や嗜好を十分に把握した上で販売することにより，海外市場における需要者拡大が図れると考えられる。また，事例にあげたZ社のような現地の茶卸売問屋等との関係を強固にし，輸出先の動向や嗜好を常にキャッチすることも，輸出拡大にとって効果的ではないかと思われる。

　しかし，日本の緑茶産業において，生産から販売まで行う生産者・製茶企業などは少なく，緑茶流通全体の約10％を占めるにすぎない。したがって，緑茶流通全体の約90％は，生産から販売までの間に，多くの担い手が存在する複雑な流通構造となっている。そのため，現在の日本国内における緑茶流通は，全体的には輸出相手先の動向に対応しにくい構造となっていることから，緑茶輸出が遅々としたものになっている。以上のことを考慮すると，緑茶における理想的な輸出システムは，集団ではなく個人のほうが手がけやすいと考えられる。

　さらに，台湾における日本産緑茶の流通及び販売動向の考察を通して，今後の対台湾日本産緑茶の輸出拡大のためには，以下のような課題の存在が明らかとなった。

　まず，輸出相手先における「日本茶」に対する認識がまだ低いということである。認識が低いことにより，購入するときの判断基準が価格のみのため，高価格な日本産緑茶を店頭に置くだけでは，需要者の増加の見込みは少ない。

したがって,「日本茶」の認知度をあげるために,積極的なプロモーション活動や,コストの削減をすることによって,消費者が「日本茶」を認識する機会を多く与える必要がある。

つぎに,輸出相手先において日本産緑茶の需要を低下させる要因が存在していることである。現状として,台湾では「日本茶」が飲用されているが,原料はすべて日本産緑茶でまかなわれているわけではなかった。特に,低価格店舗で販売されている「日本茶」は,原料が台湾産と表記している「日本茶」が多くを占めていた。また,中価格店舗では,有機栽培をアピールした高価格な台湾産表記の「日本茶」販売を展開し始めている。

こうした状況の中,日本産緑茶100％の「日本茶」は,コスト面において低価格店舗における販売は困難であると考えられる。したがって,今後の台湾向け日本産緑茶輸出の課題は,台湾の中価格店舗において,日本産緑茶の「日本茶」販売を強化し,いかに消費者を獲得するかである。

現在,日本産緑茶の「日本茶」の確実な販売先は高価格店舗であり,こうした高価格店舗の購買層の多くは高所得者である。行政院主計処『中華民国国民経済動向統計季報』2004年版によると,台湾における高所得者層は人口の25％を占めている[25]。そして,日本産緑茶の「日本茶」販売を強化すべき階層である中価格店舗の購買層の多くは中所得者層であり,同じく人口の46％を占めている。今後,中所得者層を確実に獲得したとすれば,日本産緑茶の「日本茶」購買層を70％まで獲得することができると考えられる。

輸出側の日本が現段階で実行できる中所得者層の獲得策としては,中所得者層に向けての日本産緑茶のプロモーション強化である。その際に,日本産緑茶の品質をアピールするだけでなく,同時に「日本茶」を淹れる作法や文化についても普及させることが重要であるといえる。こうした輸出相手国における試飲や知識啓発活動を通して,小売用緑茶の輸出を強化していくべきであると考える。

本章では,日本産緑茶の対台湾輸出の展開を通じて,日本産緑茶輸出が抱える課題を明らかにしてきた。このように,本章で明らかとなった日本産緑

第6章　食品企業主導による緑茶の農産物輸出システム

茶輸出の抱える課題は台湾だけでなく，対中国，対アジアといった茶生産国に対する輸出に共通する課題であることから，さらに広い視点から今後の日本産緑茶輸出の動向に注目していきたい。

付記

本章の内容は，全て筆者自身の観点に基づく私見であり，何ら領事館の意見を代表するものではありません。

注
(1) 輸出される茶は，長期間にわたる輸送における腐敗を防ぐために，再製工場で再度乾燥させられる。輸出の初期段階では，再製工場が少なかったことから，香港や上海に運ばれて乾燥させられることが多かったが，輸出港であった横浜に「お茶場」と呼ばれる外国商館が管理する再製工場が多く建てられてからは，中国へ輸出される茶の量は減少していった。しかし，「お茶場」では多くの女工が過酷な労働を強いられていた。
(2)「お茶場」において，過酷な労働を強いられている女工の環境を改善するために，再製の機械化が図られた。この機械化によって，直輸出への転換が進んだとも考えられる。
(3) 日本茶輸出百年史編集委員会［9］p.97において，「1890年（明治23年）は，商業資本の産業資本への転化と農民および旧中間層の階層的分化によって発展の緒につきはじめていた日本資本主義が，はじめて恐慌を経験した年であった。」と記述されている。
(4) 日清戦争に勝利したこともあり，世界における日本の外交上の地位が上がったことも，日本の緑茶輸出拡大に関係している。
(5) 一番茶は4月25日から5月10日頃に，二番茶は6月20日頃から7月5日頃に，三番茶は7月25日頃から8月10日頃に，四番茶・秋冬春番茶は10月上旬から中旬にかけて摘採される。
(6) 石塚・大島［1］は，輸入緑茶の多くは，緑茶飲料の原料や，外食産業などで使用される業務用緑茶の原料になっていると指摘している。
(7) 鹿児島県の産地が形成された時期は比較的新しく，開園可能な土地が多く存在していたため，大規模茶園の形成が可能であった。さらに地形が平坦なため，機械を導入し省力化，低コストの生産を可能としている。また，静岡県よりも南に位置しており温暖であることから，出荷時期は早く摘採期間も長い。よって，一番茶や二番茶だけでなく，三番茶以降の下級茶まで幅広く生産す

ることができるのである。
(8) 第2節で述べたが，戦前は換金作物，戦後はアメリカへの見返物資として輸出されていた。
(9) 日本茶業中央会『茶関係資料』2007年版では，従業員数が21～100人までの製茶企業を中規模としている。
(10) 富士経済株式会社『食品マーケティング便覧No.5』各年版によると，茶業界全体に占める上位7社の売上高の割合は約30％であり，その内の5社は1950年代前後に設立されている。M社は1982年に設立されており，製茶企業の中では後進的な企業である。
(11) 生葉生産農家のうち，工場と直接契約していない人は，作った緑茶の葉を仲師（なかし）が斡旋して製茶工場に販売する。製茶工場で加工された緑茶は「さいとり」と呼ばれる斡旋人の手を経て，問屋に販売されるケースや茶市場を通して問屋に行くケースや農協や経済連を介するケース等がある。以上のような流通過程の中で，数段階のマージンが加算され，最終販売価格に反映する。
(12) このような輸出形態は，いずれの輸出相手国に対しても行っており，1国につき1社の食品流通問屋または貿易会社と代理店契約を行っている。取引価格は，すべて円建てで固定している。代理店は，為替リスクや輸送にかかる費用をすべて負担している。
(13) 小売用の緑茶は一番茶や二番茶であり，生産者価格は2,000円/kg前後である。業務用は三番茶以降の下級茶であり，600円/kg前後である。
(14) 中国産の価格は3～4ドル/100gであり，日本産は約15ドル/100gである。
(15) 他にも，台湾側が主催する日本食フェアに出展したり，台湾の代理店を通して日本産緑茶の淹れ方講座を販売先で開いたり，簡単に水出し緑茶が作れるようなボトルを考案し，販売している。
(16) T社，Z社に対して2007年11月に行ったヒアリング調査を基にしている。
(17) 緑茶には蒸し茶と釜炒り茶が存在し，前者が「日本茶」であると言われている。日本茶輸出組合のヒアリング調査によると，茶生産・製造の歴史の中で，収穫直後に葉を蒸す製造方法が残っていたのが日本であったため，世界では「日本茶」と言われるようになったという。本節では，産地に関わらず，上述した蒸し製の製造方法を用いて作られた緑茶について，これまで扱ってきた日本産緑茶とは区別しながら，「日本茶」という表記を用いて表現する。
(18) 注（17）参照。
(19) 台湾の価格は，行政院農業委員会『農業統計年報』2005年版，p.153を参照。
(20) 2007年11月時点のレートは1元＝約3.4円であった。ここではすべて1元＝3円として換算している。
(21) Z社の取引先の製茶企業は30年ほど前から「日本茶」を製造する機械を導入し，台湾産緑茶の「日本茶」を生産している。

第6章　食品企業主導による緑茶の農産物輸出システム

(22) 上述したT社の卸売価格よりもZ社の卸売価格は低い。詳しくは後述しているが，Z社では日本産緑茶と台湾産緑茶をブレンドしたティーバッグを製造，販売しており，そのティーバッグの原料として日本産緑茶が扱われることが多いため，T社よりも価格が低くなっていると考えられる。
(23) S百貨店は以前，日系資本との合弁で経営していたが，現在は台湾資本のみである。
(24) Bスーパーにおけるヒアリングによると，日本産緑茶を扱っている店舗では輸入商社を通して日本産緑茶の輸入を行っている。こうした輸入商社は同業他社の店舗へも商品の供給を行っているため，日本産緑茶を扱っている店舗における店頭の品揃えはよく似ており，価格帯もほぼ同様のものになるという。Bスーパーにおいても，輸入商社を通して一部の日本産緑茶を輸入している。
(25) 1人あたり年平均可処分所得を5段階に区分しており，40万元（約120万円）を最高とし，次いで24万元（約72万円），19万元（約57万円），17万元（約51万円），14万元（約42万円）を最低としている。

参考文献
[1] 石塚哉史・大島一二「中国の製茶企業における対日輸出システムの今日的展開」『農村研究』第100号，東京農業大学農業経済学会，pp.194～201，2005年。
[2] 大石貞男『大石貞男著作集1 日本茶業発展史』農山漁村文化協会，2004年。
[3] 大石貞男『大石貞男著作集2 静岡茶業発展史』農山漁村文化協会，2004年。
[4] 河原林直人『近代アジアと台湾―台湾茶業の歴史的展開―』世界思想社，2003年。
[5] 木立真直『農産物市場と商業資本―緑茶流通の経済分析―』九州大学出版会，1985年。
[6] 杉田直樹「日本茶輸出と国際マーケティング」『農業経営研究』第44巻第1号，日本農業経営学会，pp.111～116，2006年。
[7] 寺本益英『戦前期日本茶業史研究』有斐閣，1999年。
[8] 寺本益英『緑茶消費の現状と今後の展望』晃洋書房，2002年。
[9] 日本茶輸出百年史編集委員会『日本茶輸出百年史』中央公論事業出版，1959年。
[10] 根師梓「台湾における『日本茶』市場動向と日本産緑茶輸出の課題」『農業市場研究』第18巻第2号（通巻70号），日本農業市場学会，pp.88～94，2009年。
[11] 増田佳昭『茶の経済分析』農林統計協会，1986年。

（根師　梓）

第7章

農産物加工品における米国輸出の展望と課題
―こんにゃく製品の事例を中心に―

第1節　はじめに

1）課題の設定

　周知の通り、近年欧米諸国及びアジア諸国の富裕層において日本食ブームは拡がりをみせつつあり、わが国の農林水産物・食品（以下,「農林水産物等」と略す）の輸出を拡大する上での大きな契機となっている。

　2007年5月に政府は「我が国農林水産物・食品の総合的な輸出戦略」を取りまとめ、2013年までに農林水産物・食品の輸出額を1兆円規模にする目標を掲げていた。その後この方針は国内外の各種事象を鑑みて、戦略を見直し、2020年まで達成年度を延長し、現在に至っている。前述の数値目標を実現させるために政府は、①「輸出環境の整備（検疫交渉の加速化、相手国の求める衛生基準、輸出証明書の対応等）」、②「輸出支援（品目別）」、③「情報発信」、④「事業者の取組段階に応じた支援」、⑤「相手国の安全性に対応する事業者支援」、⑥「生産・流通・加工の各段階における基盤強化とブランド戦略の推進」、⑦「民と官の連携強化」等の対応策への取組を重視するとのことである（農林水産省国産農林水産物・食品輸出促進本部『我が国農林水産物・食品輸出促進に係る対応方策（中間取りとりまとめ）』2007年版）。

　こうしたなかで近年、わが国の農産物輸出に関する研究が行われているが、以下のような特徴を指摘することができる。第1に国内の輸出産地及び生産者の取組実態の分析に傾倒しており、輸出相手国における市場評価について

は不明瞭な点が存在している点，第2に果樹・野菜等の青果物を対象とした成果が多く，農産物加工品を対象としたものが稀少である点が指摘できる[1]。また第3に日本食ブームという追い風を受けて，これまでは海外ではなじみのない日本食材を売り出そうとする動きが見られ始めているが，その可能性や課題を考えるための具体的な材料は極めて珍しい。

そこで本章では，伝統的な和食であり，なおかつ農産物加工品の一つとして位置づけられるこんにゃく製品に焦点をあて，農産物加工品における米国輸出の展望と課題を分析し，輸出可能性の展開について検討することを目的としている[2]。なお，現時点でこんにゃく輸出量や輸出金額をとらえた統計などは見当たらないことからもわかるように，極めて限定された規模の輸出である。それにもかかわらず本章の対象品目として，こんにゃく製品を選定した理由は，第1に輸出相手国において『日本食＝健康食』というイメージが認知されている中で，こんにゃく製品は低カロリー（100g当たり5〜7kcal）と豊富な食物繊維という特性を有していること，第2に現在，こんにゃく製品の海外での消費は限定されており，今後の需要が創出された際のパフォーマンスが大きいものと想定されていることの2点があげられる。

2）調査の概要

本研究にあたり筆者グループは，2007年2月22日〜25日にかけてアメリカ合衆国カルフォルニア州ロサンゼルス市において現地調査を実施した[3]。調査対象地域に同市を設定した理由は，米国では日本食を活用した健康食ブームが起きており，その中でもロサンゼルスはニューヨーク市に次いで日本人の滞在人数（約60万人）が多く，日本食市場が形成されているからである[4]。上述の調査における主な内容は，①和食食材を取扱っている量販店・外食企業（日本料理店）の幹部・仕入担当者を対象としたヒアリング調査，②現地でのこんにゃく製品の認知度と嗜好性等を分析するために，こんにゃく製品を中心とした和食食材の試食交流会・製品展示会（以下，「試食交流会」

と略す)の参加者(90名)を調査対象としたこんにゃく製品に関するアンケート調査(有効回答数:61名)である。

第2節　米国の量販店におけるこんにゃく製品の取扱状況

1)こんにゃく製品の取扱状況

表7-1は,今回調査を行ったロサンゼルス市内に立地する量販店において販売されているこんにゃく製品数及び販売価格を整理したものである。この表から以下の4点が指摘できる。

①日系資本以外の店舗(韓国系,中国系,米国系)による取扱は稀少であること,②日系量販店における取扱製品数をみると27～30アイテムと日本国内量販店と比較してもほぼ同数程度の品揃えであるといえるが,その品目構成をみると板こんにゃくに集中しており他の品目が少ないこと[5],③販売価格の高額である生芋こんにゃくは日本国内よりも高い比率の品揃えであること[6],④小売価格をみると概ね0.98～2.99ドルの範囲で販売されており,

表7-1　ロサンゼルス市内のこんにゃくの価格

(単位:ドル)

主要企業出資国		重量(g)	日本			韓国	中国	米国
品目数(種類)			M社	N社	T社	A社	B社	C社
			30	24	27	18	1	0
①板こんにゃく		200	0.98	1.49	0.89			
		300			0.99			
	生芋	120	0.48					
		250	1.48					
		300			2.69			
		350			2.69			
②糸こんにゃく		200	1.13	0.99		1.09		
		400	2.99					
	生芋	300	2.99					
	小結	200	1.48					
③玉こんにゃく		300	1.78	1.99				
		350		2.69				
④さしみこんにゃく		300		1.99				
⑤その他		ー	1.78				2.19	

資料:市場調査結果から作成。

国内価格（板こんにゃく）と比較すると、輸送経費を含むため120～267％と高額であること[7]、である。

2）日系量販店によるこんにゃく販売の実態—M社の事例—

（1）M社の概要

M社は1965年に設立され、ロサンゼルス市内を中心に12店舗の量販店を経営している。本社が大阪府に立地していることから、日本国内の仕入れルートから高品質の日本製品を米国に提供していることが特徴である。調査時点では、M社の量販店の顧客会員数は約8万世帯であった。

（2）製品販売の実態

M社の米国におけるこんにゃく製品の年間取扱数量は、7万5,000個であり、その大半を板こんにゃくと糸こんにゃくの2品目で占めている。購入する顧客は、日系人や在米駐在の日本人であり、若年層よりも高齢者であるケースが多い。現在販売している製品は、小結び糸こんにゃくのみ中国から輸入しており、それ以外の品目は群馬県（3～4社程度）と広島県（生芋こんにゃく）の日本国内のこんにゃくいも産地に立地する企業から調達していた。これらの製造企業によるM社への輸出は、M社系列の物流企業（神戸・横浜等）に関連業務を委託しており、製造企業は港湾までの送料のみを負担するシステムであった。なおその他の輸出にかかる経費はM社が負担している。

第3節　こんにゃく製品の米国輸出の可能性

1）米国でのこんにゃく製品に対する意識

（1）調査対象者の属性

表7-2は、アンケート調査対象者の属性を示したものであり、以下の2点の特徴が読み取れる。

第1に調査対象者の性別をみると、「男性」68.9％、「女性」31.1％であり、

第7章 農産物加工品における米国輸出の展望と課題

表7-2 アンケート調査対象者の属性
(単位:人,%)

		実数	構成比
属性	日本人・日系人	43	71
	その他	18	30
性別	男性	42	69
	女性	19	31
年齢構成	20代	8	13
	30代	21	34
	40代	21	34
	50代以上	8	13
	未記入	3	5
職業	一般消費者	18	30
	商社・流通業者	19	31
	外食・中食関係者	12	20
	医療関係者	2	3
	その他	9	15
	未記入	1	2
	合計	61	100

資料:アンケート調査結果から作成。

男性比率が高い。第2に年齢構成は，「30代」及び「40代」が共に34.4%であり，両世代に集中していた。更に職業をみると，食品産業関係者(「商社・流通業者」31.1%,「外食・中食関係者」19.7%)が過半数(50.8%)を占めており，「一般消費者」は29.5%であった。

表中には示していないが，調査対象者へ日本食を食した経験を問うたところ，96.7%が食した経験があり，好感度は高かった(「好き」と回答した対象者:83.6%)。さらに好感度が高い理由(複数回答)を調査対象者に問うたところ,「健康によいから」73.3%,「味が好きだから」68.3%に集中していた。

(2) 試食交流会における対象製品の内容

前述の試食交流会において使用した製品は，こんにゃく製造業者の業界団体である全国こんにゃく協同組合連合会(調査時点組合員数:26都道府県,575社)の組合員から提供企業を公募したものであり，11社から提供された20品目を対象製品とした(**表7-3参照**)。

149

今回は海外向けの催事ということを考慮して提供企業は伝統的な和食食材である定番製品（板こんにゃく，糸こんにゃく）のみでなく，より調理の汎用性を拡げることが可能と思われる製品（ライスこんにゃく，おからこんにゃく）及び調理を省力化でき，健康食品として活用できる製品（飲料，サプリメント，マヨネーズ等）を選択していた。試食・展示会参加者のヒアリング（食品産業関係者のみ）によると，調理の汎用性が高い品目とされるライスこんにゃく及びおからこんにゃくは，家庭内消費の可能性が見込まれ，保

表7-3　こんにゃく製品の試食交流会・展示会品目一覧

NO	企業名	所在地	製品名	単価（円）	備考
①	J社	岩手県	とろり刺身こんにゃく	160	食感をかえた刺身こんにゃく
②	B社	茨城県	凍みこんにゃく	1,050	伝統的な製法で造られた保存食
③	F社	埼玉県	結果がダイエット	350	こんにゃくエキス入りドリンク
④	I社	群馬県	まるごと芋こんにゃく	194	生芋こんにゃく
⑤			まるごと芋こんにゃく麺	205	
⑥	C社	神奈川県	ライスライトこんにゃく	60	御飯粒状に整形したこんにゃく製品
⑦	D社		生芋こんにゃく	185	生芋こんにゃく
⑧	E社		板こんにゃく	130	通常の精粉からつくられたこんにゃく製品
⑨			白滝	150	同上
⑩	G社	東京都	オリーブセラミドマヨネーズ	472	こんにゃくエキス入りマヨネーズ
⑪	H社	京都府	セラミドエイジ	2,180	こんにゃくエキス入りサプリメント
⑫	A社	岡山県	果実こんにゃく入りコンポート（360g）	1,000	果実入りこんにゃく
⑬			蒟蒻名人ゆばこん（500g）	400	湯葉風味こんにゃく
⑭			蒟蒻名人葛はごろも（500g）	450	葛きり風味こんにゃく
⑮			三色小玉こんにゃく	450	野菜エキス（かぼちゃ・にんじん・ほうれん草）混入
⑯	K社	鳥取県	リカロ板	160	おからこんにゃく（おからとこんにゃくの混合食品）
⑰			リカロミンチ（150g）	190	
⑱			リカロミンチ（300g）	280	
⑲			リカロミンチ業務用	800	
⑳			リカロ細切れ業務用	800	

資料：財団法人日本こんにゃく協会［9］から作成。

第7章　農産物加工品における米国輸出の展望と課題

存期間も長く通信販売にも適応可能なことから，商社・流通業者からの関心が高い品目であった。また湯葉こんにゃく，凍みこんにゃくという伝統的な和食というイメージが強い品目は，日本食レストラン等の外食産業による関心が高かった（（財）日本こんにゃく協会［9］）。

(3) こんにゃく製品に対する意識

表7-4は，こんにゃく製品の印象について示したものである。

まず，こんにゃく製品を食した経験を問うたところ，「経験有り」と回答した比率が80.3％と高い。この点は食品産業関係者の参加者が多いことから，

表7-4　こんにゃく製品の印象

(単位：人，％)

		実数	構成比
食した経験			
食したことが有		49	80
食したことが無		12	20
試食交流会・展示会で食した感想			
味	美味しい	50	82
	普通	8	13
	美味しくない	1	2
	未記入	2	3
食感	良い	41	67
	普通	15	25
	良くない	3	5
	未記入	2	3
臭い	良い	36	59
	普通	18	30
	良くない	6	10
	未記入	1	2
視覚	良い	33	54
	普通	20	33
	良くない	4	7
	未記入	0	0
健康への影響			
	良い	58	95
	普通	2	3
	良くない	0	0
	未記入	1	2
合計		61	100

資料：アンケート調査結果から作成。

表7-5 米国におけるこんにゃく製品の展望

(単位：人, %)

①こんにゃく製品に期待する効能	実数	構成比
低カロリー	35	30
食物繊維が豊富であること	31	26
セラミドによる皮膚の保湿・美白効果	16	14
アルカリ性食品であること	13	11
カルシウムが豊富であること	9	8
効能に興味なし	8	7
その他	3	3
未記入	3	3
合計	118	100
②こんにゃく製品に希望する改善点	実数	構成比
健康面での機能（ダイエット，美容面も含む）	41	32
食品表示・パッケージ	29	22
簡単に食べられるようにして欲しい	22	17
調理方法	17	13
品質の向上（味や食感等）	16	12
その他	3	2
未記入	2	2
合計	130	100

資料：アンケート調査結果から作成。
注：複数回答可。

一般の米国滞在者と比較すると和食食材に対する知識や食した経験が豊富な点が関係している。

次に実際に食した感想を問うと，味覚（「味」，「食感」）において「美味しい」（82.0％），「良い」（67.2％）と回答した比率も高かった。また視覚においても「良い」が過半数（54.1％）を占めていた。さらに健康面への影響を良いと捉えている消費者が95.1％と著しい。これは近年米国の消費者において『日本食＝健康食』という印象が定着しつつあることを示唆していると思われる。

表7-5は，効能への期待度と改善を希望する点について示したものである。

第1に健康への期待度について，効能の面からみていくと，「低カロリー」29.7％及び「食物繊維の豊富さ」26.3％の2点への期待度が高いことが読み取れる。この点は筆者グループが日本国内で実施している消費者アンケート調査と同様な傾向を示していた（石塚［2］・［3］）。

第2に，希望する改善点について問うたところ，「健康面での機能」31.5％が最も高く，次いで「食品表示・パッケージ」22.3％，「簡単に食べられるようにして欲しい」16.9％であった。前述の期待する効能と同様に健康面への関心度が高いと考えられ，効能等の機能性に関する情報提供を望んでおり，それらの事項を大変重視していることが理解できる。

2）外食企業の評価―日本料理店Y社の事例―

(1) Y社の概要

　日本料理店Y社は，ロサンゼルス市内に6店舗，従業員数は300名の外食企業である。主な提供品目は，回転寿司，鉄板焼と多岐に渡り，売上高は1,100万ドル（2006年）であった。近年フランチャイズ制度による展開をみせており，今年度も店舗数の拡大を計画していた。

(2) 外食企業の評価

　Y社で提供しているこんにゃく製品を活用した料理について問うたところ，現時点では年間を通じて「すきやき」，「きんぴらごぼう」，「味噌汁（豚汁）」の3品目程度と少数であり，消費量が限定されていることが読み取れる。

　Y社幹部のヒアリングによると，健康食ブームのなかで，こんにゃく製品は低カロリーという特性を活かすことで米国での市場拡大の可能性が高いといえる。しかしながら，日本国内における味よりも食感を重視した販売戦略から，アメリカの市場に適した機能性・効能性及び簡便性を重視した販売戦略へ転換できるかが課題であると指摘していた。

　さらに従来の日本食による消費形態が現地では限定されている状況を鑑みると，今後米国での販売量を増加させるためには，米国の食文化に適したこんにゃく製品の開発及び調理方法を構築することが必要と考えられる。

第4節　おわりに

　本研究では，調査結果を中心にこんにゃく製品の米国輸出の現状と課題について検討してきた。

　最後にここまでみてきた特徴を整理すると以下の3点があげられる。第1は，日系量販店におけるこんにゃく製品の販売状況の特徴に，「比較的高価な製品（生芋こんにゃく）の取扱量が多い点」及び「日本国内と同様にこんにゃくいも産地（群馬県，広島県）の製品が品揃えされている点」があげられる。第2は，米国の消費者サイドからみたこんにゃく製品の印象は，健康的という意見が多く，機能性・効能を期待されている。第3は，外食産業では，日本料理店でこんにゃく製品を利用した品目が提供されているものの，現時点ではその消費量や品目数は少ないといえる。今後は米国の市場に適した製品や調理方法を確立することが望まれる。

　では，こうしたこんにゃく製品の米国輸出は今後いかなる展開を遂げると予想されるのか。今回の調査結果を整理すると，こんにゃく製品における輸出可能性については，以下の課題があげられる。第1に日本食を海外輸出する上でのデメリットとして，内外価格差の存在から販売価格が高額になる点である。そのため購買可能な消費者は富裕層となる。特にその富裕層の中でも現状では在留日本人や日系人が中心であり市場規模も限定されていた。第2に輸出相手国の食文化やライフスタイルに適した調理方法や製品開発の確立が，現地で持続的な販売を行うために必要な要素と考えられる[8]。和食食材として限定せずに現地の食材や調理方法のなかに取り入られることが消費を拡大させることに繋げる必要がある。

　これらの課題を克服することによって，もしこんにゃく製品の米国輸出が実現されるならば，近年のわが国における食生活の変化（「食の洋風化・多角化」）の影響を受け消費量が停滞している日本国内のこんにゃく産業にとって新規需要の創出が実現可能となり生産・加工両面の活性化を促すものと

第7章　農産物加工品における米国輸出の展望と課題

考えられる。

注
（1）主要な先行研究として果実は池田［1］，田中［8］等，野菜は佐藤他［4］，農産物加工品は杉田［7］等があげられる。
（2）本章における執筆分担は，第1節・第4節が石塚，第2節は石塚・数納，第3節は石塚・杉田であり，最終的な取りまとめは，石塚が行った。
（3）本章に係る現地調査は，農林水産省「平成18年度農業・食品産業競争力強化支援事業（広域連携等産地競争力強化支援事業のうち知識集約型創造対策事業）」（作業実施者：財団法人日本こんにゃく協会，事業テーマ：伝統的食材等の機能性を活用した輸出発展可能性の調査）の成果の一部である。
（4）（独）日本貿易振興機構ロサンゼルスセンターへのヒアリングによると，調査時点ではカルフォルニア州内に日本料理屋が2,000店舗立地しているとのことである（その内70％はロサンゼルス市内）。
（5）一般的に日本国内の品目構成は板こんにゃく50％，糸こんにゃく（白滝含）40％，その他10％である。（財）日本こんにゃく協会『こんにゃく今昔』各年版，参照。
（6）生芋こんにゃくの流通量は製品総量の約10％である。神代［5］，神代他［6］参照。
（7）1ドル＝120円で換算（調査時点のレート及び100ｇ当たり小売価格で比較を行った）。日本国内の小売価格はこんにゃく製品（板こんにゃく）100ｇ当たり40円である（総務省『小売物価統計』）。
（8）今回の調査において，外食企業幹部及び調理担当者へ米国人に適したこんにゃく料理の試作を実施したところ，デザートやグラタン，サラダ等主食・副食を問わず洋食への活用が提案された。

参考文献
［1］池田勇二「二十一世紀なし輸出の背景と課題」東京農業大学農業経済学会『農村研究』第72号，pp.37〜47，1991年。
［2］石塚哉史・小泉隆文「こんにゃくにおける消費者の意識」日本農村生活学会『農村生活研究』第120号，pp.31〜36，2003年。
［3］石塚哉史・小泉隆文・数納朗・神代英昭「若年層のこんにゃく製品に対する消費と意識の実態」日本農業市場学会『農業市場研究』第14巻第1号，pp.99〜102，2005年。
［4］佐藤敦信・石崎和之・大島一二「日本産農産物輸出の展開と課題」日本農業市場学会『農業市場研究』第15巻第1号，pp.71〜74，2006年。

［5］神代英昭『こんにゃくのフードシステム』，農林統計協会，2006年。
［6］神代英昭・石塚哉史「こんにゃく製造業者の製品差別化戦略の今日的展開に関する一考察」日本農業市場学会『農業市場研究』第15巻第2号，pp.138～143，2006年。
［7］杉田直樹「日本茶輸出と国際マーケティング」日本農業経営学会『農業経営研究』第44巻第1号，pp.111～116，2006年。
［8］田中重貴「日本産りんご輸出における産地流通主体の役割」北海道大学大学院農学研究科『農経論叢』第62集，pp.141～150，2006年。
［9］(財)日本こんにゃく協会『農林水産省平成18年度農業・食品産業競争力強化支援事業こんにゃくの海外需要の創出と輸出発展性に関する調査事業報告書』2007年。

(石塚　哉史・数納　朗・杉田　直樹)

あとがき

　まずは本書の刊行が予定より大幅に遅れた理由についてはまえがきをご覧いただくとともに改めて深くお詫びしたいが，その結果，大きく状況は変化している。その最大のものとして急速な円安の進展が挙げられる。2012年12月26日というまさに年末に発足した第2次安倍内閣は，「アベノミクス」を掲げ，デフレ克服，インフレターゲットを設定し，大胆な金融緩和措置を講ずるという金融政策を表明した。その直後，円安ドル高が進行し，2013年1月17日には，2010年6月以来2年半ぶりの1ドル＝90円台を，さらに5月10日には，2009年4月14日以来の1ドル＝100円台を記録している。経済学の論理を持ち出すまでもなく円安は輸出に有利に働くと考えられており，農業分野に関しても，ここぞとばかりに輸出を促進し，攻めの農政に転換しようという声が，政治的にも研究的にも強まっているように編者には感じられる。しかし改めて冷静に考えれば，急速な円安が進展した現在の為替水準といえども未だ2009年4月水準に戻ったに過ぎないこと，そして何よりこの円安がどこまで継続するかについては誰にも確たる保証ができないことには，格段の注意を要するであろう。

　第1章，第2章において，編著者2名は本書の最大の特徴として，農産物輸出の増加局面を対象に，イメージ先行の観念論・べき論ではなく，先行事例の実態調査を中心とした，地に足を着けた具体的な検証を行うことを掲げていた。この点は執筆者一同の共通認識でもあった。しかし，輸出拡大の動き自体が未だ歴史の浅い話であるのと同様に，執筆者一同もまだまだ若手研究者である。掲げた目標に対しては，本書のみで完全な答えが出せたとは言えない，未だ現在進行形の段階にある。そうした点をあらかじめ断ったうえで，特に第3章から第7章で取り扱った先進事例の共通点を拾い上げながら本書の到達点を示すことで，あとがきとしたい。

第1に，先進的な輸出取組事例においては，海外市場に仕向ける農産物を単独で生産しているわけではなく，国内市場仕向け中心の生産過程で発生する一部の商品を輸出に仕向けていることが明らかとなった。具体的には，りんごの大玉・小玉（第3章），長いもの4L・3L（第4章），緑茶の1番茶（第6章）が挙げられる。輸出に取り組む先進事例においても，生産・販売の中心は内需にあり，外需はあくまでもチャネル選択の最適化戦略におけるセグメントの一つにすぎないのである。特に，国内需要の販路拡大を進める中で，その一つとして輸出を位置づけている冷凍枝豆（第5章）の例が特徴的であろう。

　ただし農産物輸出の過大評価は禁物だが，同時に過小評価もしてはいけない。第2に，農産物輸出は農業・食品企業の経営安定化を図る上で一定の効果を果たしている。各主体が輸出に取り組む契機は国内市場の縮小や価格低下の影響だったが，輸出によって，国内市場で需要が減少した一部の規格品，あるいは評価されない規格外品の需要を海外市場で発見し販売を実現していた。この点は第3～6章の全ての事例に共通し，経営の安定化に貢献していた。さらには経済面だけでなく，生産者の自覚と意欲を増進させる効果も大きいことにも注目しておくべきであろう（第5章）。

　とはいえ第3に，現段階の輸出市場は限られているため，短期的には限界に到達しやすいことも現実として受け止めなければなるまい。輸出価格は国内価格と比較してもどうしても高くならざるを得ない。その理由としては，生産コストをめぐる国内生産者の自助努力が限界に到達しつつあり劇的な削減は期待しづらいため，そして輸出のための流通経費が国内流通と比較して高くつくためである。こうした高価格の輸出品目が海外市場で受け入れられるためには，稀少性もしくは差別化（高品質・高付加価値）が必要十分条件となる。経済成長の著しい中国（第3章）や台湾（第4章，第6章）の高所得者層や，欧米の日系人や駐在日本人（第4章，第6章，第7章）にはかなりのコスト負担力が期待できるものの，その人口は未だ限定されており持続的とは言えない。輸出量が少ない初期の段階では受容可能であっても，輸出

あとがき

量が増大するとともに市場は成熟化に向かい，稀少性が失われる。特に輸出に取り組む後発者が増加するにつれ，この傾向は加速する。国際商品である緑茶においては，「日本茶」の中での日本産と台湾産（第6章）のように国際競争が展開しているし，日本的な農産物である長いもにおいても，台湾市場における青森県産と北海道産（第4章）のように国内産地間競争に発展していた。稀少性だけでは持続性が保てないわけだが，それに変わりうる差別化の手段は中々見出しづらく，実現は困難な現状にある。

　第4に，困難な現状においても，成熟化する輸出市場の中で持続性を保つための差別化を図る取り組みを行う事例が一部存在した。りんごの移出業者の農園部門と海外輸出部門が分離・独立し認定農業法人の資格を持つ片山社（第3章），緑茶の自園自製自販体制を取る製茶企業M社（第6章）では，生産・流通・販売部門を一貫化する垂直的統合によって，①流通経費の削減・マージンの獲得，②品質の維持・向上，③販売促進の効果を得られたことが指摘されている。両事例はともに企業1社が主体的に取り組んだからこそ実現でき効果が得られたわけだが，これをそのまま素直に受け取れば，ある程度の能力の持った主体でなければ差別化は困難であるという結論にもなりかねない。それよりもわれわれがこの事例から学ぶべきは，輸出形態（直接か間接か）や，分業形態（垂直的統合か連携か）にこだわるのではなく，生産・流通・販売情報を共有するとともに，現場にフィードバックし実践することの重要性であろう。こうした点は輸出に限らず農産物・食品市場において重要視される点であるが，特に輸出においては関連主体が国境をまたいで長距離間で，多数に分散するため，情報共有自体が行いづらい。両事例はその困難性を乗り越えた先に広がる可能性を示しており，今後はそれに向けた実現方法の解明と多様化が求められてくるだろう。

　しかしながら第5に，それでも海外消費の市場拡大は容易ではない。一般的に言えば，市場を拡大するためには，消費者層の拡大と消費用途の拡大の2つが必要となる。その際に，商談会の実施などのマーティング活動や消費者アンケート調査は初歩段階としては有効だがそれだけでは限界がある。特

に食文化が大きく異なる海外市場を相手にする際には，日本国内の食文化や製品用途の普及とともに，相手国の事情についても理解しながら順次，両者を調整していくバランス感覚が重要になる。そうした意味では垂直的統合を行うか，よき連携相手を見つけることを起点として，海外の情報を把握することが重要なことは言うまでもない。さらには情報の共有化で満足せずに，並行して現場にフィードバックし実践することも求められる。その際の有効な連携相手の条件としては，日本の食文化と海外の事情の両方を熟知したうえで，なおかつ日本の用途に固執せずに現地の食材や調理方法もうまくアレンジして取り入れられるような主体が求められ，例えば現地小売専門店（第6章）や日系日本料理店（第7章）が候補として考えられる。

　以上を総合すれば，現段階の輸出に取り組む先進事例は，自らの地域や経営の実情に合わせて輸出に着手し活用するために，リスクと効果を比較しながら試行錯誤している段階にあると言える。編者にはこれらの動きを現段階で「守りから攻めへの発想転換」と評価することに対しては大きな違和感がある。それよりも農業や食品企業の経営安定化のために，そしてまた地域農業と地域経済の安定化のために，守りと攻めの良いバランスを構築する動きが芽生え始めている段階と評価する方が適切ではないだろうか。

　日本全体の輸出金額を見れば，少なくとも2009年までは拡大し，「成長」してきたことは誰の目から見ても明らかなわけだが，その中味を詳しく分析すれば，先進事例であっても萌芽状況であり，未だ手放しで評価できる状況ではないことも見て取れる。

　しかしながら，最近の経済産業界を中心とした今後の農業のあり方に対する提言は，金額を重視した「稼ぐ農業」への転換を最優先し，やがては「成長輸出産業」に育成しようとする傾向が強い。このことは第2次安部内閣の下での産業競争力会議の配布資料の文面における，「農業の技術革新と規模拡大による生産性向上を行い，10年間かけて輸出振興を図り，10年後には農業生産額世界第三位，輸出額第三位を目指す」ことに象徴されている（第2

あとがき

回資料：経済産業界を代表とする議員による「日本の農業をオールジャパンでより強くし，成長輸出産業に育成しよう！」2013年2月18日）。

　しかしこの論調においては，今後の農産物の輸出促進を図るにしても，それでは誰がどのように生産し輸出に取り組むのか，その際に内需と外需のバランスをどのように考えるのか，これまでの地域農業の担い手との関係はどうなるのかなど，具体的な主体や農業現場の姿がほとんど見えない。こうした各論不在の状況にもかかわらず，マスコミになどに先導された「成長・輸出・攻め＝積極的」というイメージのみ先行の状態で，世論がやや盲目的に農産物輸出の促進賛成に流れつつあることを編者は非常に危惧している。

　こういう時だからこそ研究者においては，ムードに流されず，現場における先進事例の細部にまで踏み込んだ上での，客観的な分析や現実的な提言が求められているのではないだろうか。そうした意味で執筆者一同は，本書を一つの足掛かりとしてこれからも，農産物輸出や農業問題全般に関して，実態調査を中心とした地に足を着けた具体的な検証を大切にしながら，研究し続けていきたい。

2013年7月

　　　　　　　　　　　　　　　　　　　　　　　神代　英昭・石塚　哉史

執筆者紹介

【編者】
石塚　哉史（いしつか　さとし）：第1章・第4章・第7章
1973年，神奈川県生まれ，弘前大学農学生命科学部准教授
主要著書・論文：『中国農業の市場化と農村合作社の展開』（分担執筆，筑波書房，2013年），『食料・農業市場研究の到達点と展望』（分担執筆，筑波書房，2013年），『特用農産物の市場流通と課題』（分担執筆，農林統計出版，2008年），『食品産業事典［改訂第八版］』（分担執筆，日本食糧新聞社，2008年），『特用農産物の生産と展開方向―マイナークロップの今日的意味―』（分担執筆，農林統計協会，2007年）

神代　英昭（じんだい　ひであき）：第1章・第2章
1977年，富山県生まれ，宇都宮大学農学部准教授
主要著書・論文：『農山村再生の実践』（分担執筆，農文協，2011年），『こんにゃくのフードシステム』（農林統計協会，2006年），「伝統食品製造企業の今日的企業行動と市場構造の寡占化　みそ製造業を事例として」（共著，『農村研究』第114号，2012年），「農産物の加工・流通を通じた地域活性化の可能性」（『協同組合経営研究所　にじ』第628号，2009年），「こんにゃく製造業者の製品差別化戦略の今日的展開に関する一考察」（共著，『農業市場研究』第15巻第2号，2006年）

【執筆者（執筆順）】
数納　朗（すのう　あきら）：第2章・第7章
1972年，東京都生まれ，株式会社ファーム・アライアンス・マネジメント取締役
主要著書・論文：『アジアへの食品輸出の現状と課題』（分担執筆，日本貿易振興機構，2011年），『絹織物産地の存立と展望』（編著，農林統計出版，2009年），『特用農産物の生産と展開方向―マイナークロップの今日的意味―』（分担執筆，農林統計協会，2007年）

成田　拓未（なりた　たくみ）：第3章
1978年，青森県生まれ，東京農工大学大学院農学研究院助教
主要著書・論文：『中国農業の市場化と農村合作社の展開』（分担執筆，筑波書房，2013年），「台湾りんご市場と我が国産地流通主体の輸出対応の現段階―青森県りんご産地商人の事例を中心に―」（『農業市場研究』第21巻第2号，2012年），「日本産農産物の対中国輸出の課題と展望―山東省青島市における日本産りんご販売会での調査結果より―」（共著，『農業市場研究』第17巻第2号，2008年）

執筆者紹介

吉仲　怜（よしなか　さとし）：第5章
1979年，山形県生まれ，弘前大学農学生命科学部助教
主要著書・論文：「農商工連携・6次産業化の論点整理と事例評価」（『農村経済研究』29巻1号，2011年），「地域農産加工事業の展開にみる事業多角化の意義—北海道富良野市におけるナチュラルチーズ製造事業を事例として—」（『2009年度農業経済学会論文集』，2009年），「大規模畑作経営における休閑緑肥作の導入・定着条件に関する研究」（『北海道大学大学院農学研究院邦文紀要』31巻1号，2009年）

根師　梓（ねし　あずさ）：第6章
1983年，大阪府生まれ，在上海日本国総領事館専門調査員
主要論文：「煎茶需給動向の変化による原料供給産地への影響と今後の対応—高知県産緑茶を事例として—」（『農業市場研究』第21巻第4号，2013年），「国内の緑茶飲料原料茶葉供給における企業間取引の成立条件」（『農村研究』第114号，2012年），「対日緑茶輸出企業による中国国内販売への転換と課題」（『2010年度日本農業経済学会論文集』2010年）

杉田　直樹（すぎた　なおき）：第7章
1978年，長野県生まれ，宇都宮大学農学部助教
主要論文：「農商工連携，6次産業化の類型的特性把握」（共著，『2012年度日本農業経済学会論文集』2012年），「経営組織・営農類型別にみる農業雇用の現状と課題」（『農業経営研究』第49巻第2号，2011年），「原料原産地表示が荒茶流通構造に与える影響—地域ブランド緑茶の原料調達行動の変化と荒茶価格の変動—」（『農業経営研究』第48巻第3号，2010年）

日本農業市場学会研究叢書 No.14

わが国における農産物輸出戦略の現段階と展望

定価はカバーに表示してあります

2013年7月30日　第1版第1刷発行

編著者　　石塚哉史・神代英昭
発行者　　鶴見治彦
　　　　　筑波書房
　　　　　東京都新宿区神楽坂2-19　銀鈴会館　〒162-0825
　　　　　電話03（3267）8599　www.tsukuba-shobo.co.jp

©石塚哉史・神代英昭　2013 Printed in Japan

印刷/製本　平河工業社
ISBN978-4-8119-0424-5 C3033